丝[illegible]人

蜘蛛的隐秘世界

［英］史蒂芬·多尔顿◎著

林业杰　刘　杰◎译

清華大学出版社

北　京

北京市版权局著作权合同登记号　图字：01-2020-5163

图书在版编目（CIP）数据

终极猎人：蜘蛛的隐秘世界 /（英）史蒂芬·多尔顿著；林业杰，刘杰译 . — 北京：清华大学出版社，2021.8
书名原文：Spiders: The Ultimate Predators
ISBN 978-7-302-58731-6

Ⅰ . ①终…　Ⅱ . ①史…　②林…　③刘…　Ⅲ . ①蜘蛛目—普及读物　Ⅳ . ① Q959.226-49

中国版本图书馆 CIP 数据核字（2021）第 145358 号

责任编辑：肖　路
封面设计：施　军
责任校对：欧　洋
责任印制：宋　林

出版发行：清华大学出版社
网　址：http://www.tup.com.cn, http://www.wqbook.com
地　址：北京清华大学学研大厦A座　邮　编：100084
社 总 机：010-62770175　邮　购：010-62786544
投稿与读者服务：010-62776969, c-service@tup.tsinghua.edu.cn
质量反馈：010-62772015, zhiliang@tup.tsinghua.edu.cn
印 装 者：小森印刷（北京）有限公司
经　销：全国新华书店
开　本：148mm×210mm　印　张：6.25　字　数：211千字
版　次：2021年9月第1版　印　次：2021年9月第1次印刷
定　价：59.00元

产品编号：085190-01

目录

引言

想要过得好，蜘蛛少不了。

——英国俗语

无论我们在哪里，几米之内都可能遇到至少一只蜘蛛。它可能正在织网、挂在丝上、与配偶起舞、吸食被麻醉了的苍蝇或干脆在我们的椅子下休息。无论它正在做什么，我们都有幸与已知的约 40 000 种独特的蜘蛛共享这个星球。

蜘蛛是地球上最成功的陆地掠食者之一，它们占据了几乎所有可能的栖息场所。从山顶到海边，从池塘到沙漠都有它们的身影。它们甚至可以凭借蛛丝飞翔在数千米的高空中。蜘蛛已经存在了大约 4 亿年，并且对于具有世界上最丰富物种的昆虫目的演化起着重要作用。蜘蛛比其他捕食者捕食了更多的猎物。已故英国蛛形学家 W.S. 布里斯托（W.S.Bristowe）的研究表明：在某些时候，未受干扰的草地每 4000 平方米可以养活超过 200 万只蜘蛛，数量惊人，而且蜘蛛每年捕食昆虫的量比英格兰全部人口的量还多。

蜘蛛的成功几乎完全归功于它们为诱捕昆虫和其他小生物而演化出来的强大、惊人的捕食技能。这是它们与昆虫进行了 3 亿年的物种竞争的结果。从各种精巧的蛛网陷阱到奇妙的方法，包括套捕、跳跃、窃取、追逐、伏击、吐出分泌物、渔猎、伪装成其他动物，甚至模仿猎物分泌的信息素

◄ 图 1　秋日的蛛网

家隅蛛（*Tegenaria domestica*）用其螯肢，或称颚，来清洁它的步足。

来吸引它们。我对蜘蛛丰富而惊人的狩猎技术很着迷，这极大地启发了本书的创作。

不幸的是，从大多数相关主题的书中可以明显看出，许多从事保护工作的博物学家和组织倾向于将注意力集中在更加引人注目的无脊椎动物上，例如蝴蝶和蜻蜓。原因之一是绝大多数蜘蛛身体的图案和颜色都不鲜艳。它们被虎视眈眈的捕食者包围着，很容易受到伤害，因此需与周围的背景巧妙地融合在一起。它们的体色通常由棕色、绿色和灰色的精美图案组成，如本书中照片所示。

它们比较容易被忽视的另一个原因是相对难以精确鉴定。半数种类的蜘蛛大小只有1~5毫米，而且只有在显微镜下才能分辨出种间差异。本书中我们主要关注个头更大、更重要的物种。蜘蛛丰富的物种数量也使物种鉴定难上加难，仅在英格兰就有640多种已命名的蜘蛛，在北美约有3700种。相比之下，英格兰只有大约65种蝴蝶，而北美有大约700种。

蜘蛛的长相并不讨喜，本书也试图改变人们心目中蜘蛛令人毛骨悚然的印象。它们有很多条令人害怕的步足，它们的叮咬有毒，经常在阴暗里徘徊，在地面上高速奔跑，并且到处留下凌乱的网。然而，许多蜘蛛实际上是日行动物，根本不会令人毛骨悚然。其中种类最多的是跳蛛，它们会在岩石和树干上急匆匆地奔跑，大眼睛还会跟随着人的动作转动，有些人认为这种举动非常迷人、可爱。

实际上，大多数人最关心的事

一只热带的跳蛛，来自一个喜欢阳光的科。

情——咬人，是最没有必要担心的（除了一些臭名昭著的物种之外）。多数会咬人的物种，也只是在受到严重刺激或挤压时才会迫不得已进行自卫。大多数蜘蛛都是非常胆小且害羞的动物，与有着强韧外骨骼的昆虫不同，蜘蛛的身体柔软且脆弱。它们会竭尽所能地避免受到伤害，一点微小的干扰或危险迹象便会使它们逃进藏身之处。很多蜘蛛仅在晚上露面，白天躲藏在缝隙中或卷叶里。

蜘蛛与包括人类在内的很多动物一样，都是掠食性动物，但它们比大多数其他捕食者更具人性。这可能看起来有点拟人化，但我们赞美的许多捕食者（例如猫头鹰、鹰和老虎）常常将受害者的肉在它们活着的时候从肢体上撕扯下来，而蜘蛛会首先麻醉猎物，或者更有可能通过注射毒液将其杀死！我们还应该记住，蜘蛛的猎物大多是无脊椎动物，它们的神经系统比脊椎动物的要简单数千倍。因此与大型食肉动物的猎物相比，它们承受的痛苦是微不足道的。

编写这本书的方式有许多，例如，按科或栖息地进行分类。大多数与蜘蛛相关的书籍都基于分类学，这对于物种分类和深入的研究来说，是一种明智的方法。但是本书略有不同，考虑到蜘蛛所使用的各种巧妙的狩猎方法，本书将它们分为以下几类：通过追逐来捕获猎物的蜘蛛、原地等待和伏击的蜘蛛、跳向猎物的蜘蛛，当然还有那些大多数的会结网捕食的蜘蛛，而后者又可以按网的不同类型细分为：球网、皿网、片网和漏斗网的蜘蛛。最后，有些蜘蛛并不属于以上类别，它们倾向于采用更怪异的技能，例如喷射黏液、捕鱼和袭击其他蜘蛛。

我们很快就会发现，蜘蛛的分类并不是一成不变的，因为一个类群中的某些物种通常具有另一类群的特征。例如，许多能够追赶猎物的蜘蛛可能会原地等待猎物的到来，然后才迅速冲出，因而可以被描述为伏击者。类似地，一些织网蛛实际上并不是在网中捕获猎物，而是在感知到昆虫触碰蛛网后就高速地冲出洞或管道。捕鱼蛛就是个很好的例子，它们被划分为追捕猎物的蜘蛛，而不是被单列出来。尽管如此，这里采用的大致划分方法确实有助于阐明这些蜘蛛所采用的惊人的狩猎方式。

这里我将详细解释蜘蛛异常精彩的求偶和交配行为，W.S. 布里斯托的《蜘蛛世界》（*The World of Spiders*）这本书里就详尽地介绍了这个主题，其中包括对学名的粗略解说。尽管大多数名称看起来是合乎逻辑的，但有些似乎没有与蜘蛛的外表或生活方式有任何明显的联系。尽管如此，我依然认为它们很有趣。

本书中也有很多不足。例如，我们几乎没有涉及那些需要用高倍镜放大才能看清楚的微小蜘蛛，更不用说鉴定了。这些蜘蛛大多属于一个庞大的科，即皿蛛科（Linyphiidae），书中仅涉及了这个科中两个体型较大的物种。本书还未包括一些在热带、澳大利亚和非洲区域分布的科。

一些有着特定分布区域的具有代表性的“特殊”蜘蛛被包含在书中。例如，隆头蛛（*Eresus*）和水蛛（*Argyroneta*）都是在北美地区没有分布的欧洲物种，而黑寡妇（*Latrodectus*）、络新妇（*Nephila*）和捕鸟蛛则无法进入英国的乡村生活（也许全球变暖会改变这一点！）。

不过，许多物种也会通过植物、家具和其他物品的进口而被引入新的栖息地，少数物种如隅蛛（*Tegenaria*）和幽灵蛛（*Pholcus*）等已在世界范围内广泛分布。极为相似的物种在很大程度上是随着时间的推移，由温带欧亚大陆的起源物种演化而来的。

经常有人问我，“蜘蛛的作用是什么？”我很想反问：“人或者其他任何物种的作用是什么？”某一特定物种的存在是否必须有一个理由？生物由自然选择这一个普遍过程演化而来，就像大爆炸以来的一切事物一样。可以肯定的是，所有植物和动物都通过相互依赖来维持生存。实际上，大型动物所依赖的那些小而“低级”的生物比狮子和熊猫更重要。从古至今，演化确保了生物总体上与周围环境以及彼此之间保持平衡——直到人类的出现使地球上的人口过剩，打破了这种平衡。眨眼间，自然界的平衡就快被破坏殆尽了。

➤ 一只园蛛在其刚制作的对称的网上，这种典型的欧洲蜘蛛也分布在北美洲。

蟹蛛，即弓足梢蛛（*Misumena vatia*）展示出该科特有的新月形眼列。

蜘蛛到底扮演了什么特殊角色？据估计，在全球范围内，蜘蛛杀灭了约 99% 的昆虫——尽管蜘蛛无法区分所谓的害虫和益虫。实验已经证明，蜘蛛可以控制在农业地区泛滥的害虫，但是由于对蜘蛛的研究很少，因此尚未充分证实其在自然界中的明确功能。蜘蛛是鸟类、哺乳动物和鱼类等多种动物的食物，而且许多鸟类还将蛛丝用于筑巢。显然，蜘蛛凭借着自身庞大的种群，在维持自然平衡方面起着巨大的作用。

与对其他各种陆生生物的研究相比，对蜘蛛的调查相对容易进行，因为很少需要通过耗时的解剖来进行识别。同时，它们的大小差距明显（0.4~120 毫米），生物学适应范围广。这都使得许多生态学家认为蜘蛛是评估生态环境和生物多样性的理想研究对象，因为与高等植物或脊椎动物相比，它们更容易提供有关栖息地状况的信息。

蜘蛛的经济价值和能否造福人类似乎是我们很多人所能理解和关心的

方面，因此除了它们作为昆虫天敌的重要性外，我们还需要考虑蜘蛛产生丝和毒液的能力。研究人员仍在努力研究如何大量生产兼具强度和弹性优势的蜘蛛丝。蛛毒在治疗疼痛、癫痫、中风和阿尔茨海默氏症方面也有着巨大的研究潜力。

也许我们还应该考虑这些动物的象征意义和审美价值。在秋天的早晨，我们当中很多人，包括害怕蜘蛛的人，会对秋天早晨结满露水的网感到惊奇，也会欣赏蜘蛛形态和颜色的微妙之处。无论蜘蛛和其他小生命看起来多么渺小和微不足道，人们都会为之动容。与此同时，它们也启迪着我们珍视自己乃至于所有生命，并意识到万事万物都密切相关。观察蜘蛛时，我们看到的不仅是蜘蛛，而是与它息息相关的整个自然界。我想，如果全世界的每个人都拥有这种见微知著的能力，那么我们所知的地球上的自然美景和生命的延续将得到保证。

据一位远见卓识的美国生态学家爱德华·威尔逊（Edward Wilson）所述，我们的基因里就藏有热爱野生环境和生命的天性。尽管对我们许多人来说，这种亲和力正日益被我们以物质和人类为中心的现代生活方式所抑制。正如威尔逊所说，人类之所以崇高，不是因为我们远远比其他生物高等，而是因为对其他生物的理解使我们重新认识了生命的意义。

这里我来引述《伦敦新闻画报》百年前的一篇预言文章："人不能等到地球荒芜后才意识到物种的宝贵——无论是柚木、蜂鸟，还是蛇和蜘蛛。在一两百年之后，他将困惑于一个除了他所创造的东西之外什么都没有的世界。"我认为困惑是一种保守的陈述。我们与老虎、鲸鱼、蜂鸟以及蜘蛛共享世界，缺少了任何一种生物，世界就会变得更加无趣。

1 什么是蜘蛛

在深入研究蜘蛛之前，我们先介绍一些有关蜘蛛的背景知识，应该会对读者很有帮助，比如它们与其他无脊椎动物有什么区别、如何被分类、如何织网和交配。

基本结构

蜘蛛最明显的特征是它们具有 8 条步足，而昆虫只有 6 条。与昆虫不同的是，蜘蛛的成体只有两部分，而不是三部分，并且没有幼虫阶段——除了颜色、图案和生殖器官以外，幼蛛通常在孵化后就会看起来像缩小了的父母。蛛卵被保护在形状各异的丝囊中。随着小蜘蛛的生长，它们会蜕皮以适应不断增大的体型。蜕皮的次数在很大程度上取决于蜘蛛成体的大小。较小体型的蜘蛛会经历2~3次蜕皮，而较大体型的则会蜕皮多达几十次。脱落或受损的肢体通常可在蜕皮时或蜕皮后再生。

与它们的亲戚螨虫、盲蛛和蝎子（其头部与腹部融合在一起）相比，蜘蛛身体的两部分由一根非常狭窄的腹柄相连，尽管通常很难被观察到。蜘蛛还拥有一个独特的器官——纺器。纺器位于腹部的末端，在蛛丝的产生中起着至关重要的作用。

◄ 黄绿色的园蛛。

盲蛛（*Mitostoma chrysomelas*）。

卡拉哈里沙漠的蝎子。

头胸部

身体的前端是头胸部，由头部和胸部融合组成，并由坚硬几丁质层保护。眼睛位于头胸部的前端——绝大多数蜘蛛有 8 只，但有 3 个科的蜘蛛只有 6 只，它们分别是卵形蛛科（Oonopidae）、石蛛科（Dysderidae）和花皮蛛科（Scytodidae）蜘蛛。蜘蛛头部的形状，眼的种类、数量和排列，以及螯肢的形状都是鉴定科的关键特征。眼睛的颜色从具有珍珠光泽到深色不等，但有时由于毛的遮挡而很难被看清。

蜘蛛的眼

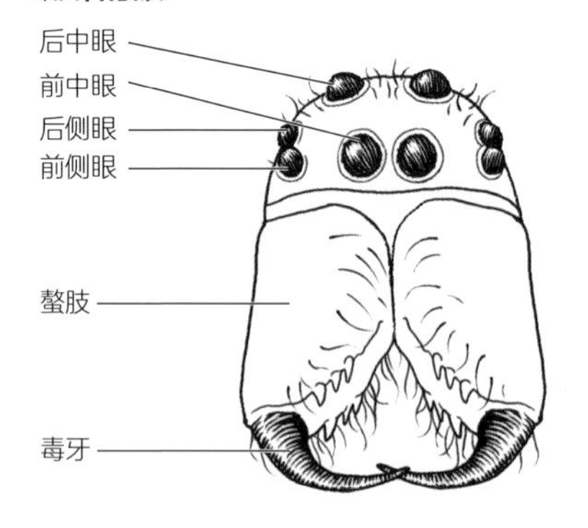

腹部

腹部的形状、斑纹和大小差异很显著。即使在单个物种内，其大小也可能差异很大，这取决于进食程度或腹部蛛卵的发育程度。腹部背面常有心斑和 4 个凹陷的褐色斑点，称为肌痕，是内部附着肌肉的迹象。在腹部腹面的前端有 2 个淡淡的斑块（在某些类群中为 4 个），被称为书肺，这是充满体液的叶状腔，是与空气进行气体交换的器官。

腹部的末端具有纺丝器官，或称纺器。较原始的蜘蛛具有 8 个纺器，但当今大多数物种似乎都失去了其中前两个。某些种类，2 个纺器已经演化成筛器，产生带状的捕捉丝。在大多数成年雌蛛的 2 个书肺中间，可以看到外雌器。这是雌蛛生殖器的开口，具有复杂形状，其形状通常与雄蛛的触肢器相匹配。

➤ 一只管巢蛛，图片展示了其腹面的书肺斑。

一只苍白球蛛（*Theridion pallens*）在保护其卵囊。

颚

螯肢是蜘蛛的主要武器，用于制服猎物。它们由一个粗壮的螯基和一个铰接的刺状尖螯组成。螯牙的末端有一个细小的开口，毒液可从头胸部的毒腺中通过导管分泌出来。不使用时，螯折入螯基的凹槽中，该凹槽的前后缘常分布有小齿。螯肢的相对大小在不同物种之间差异很大，这也是很有用的鉴定特征。螯肢后是口，用来吸食猎物的体液。

口器的结构

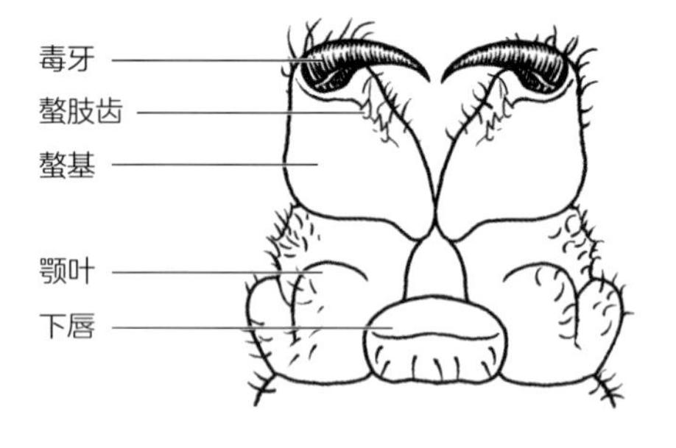

一只雌性蜘蛛的外部结构

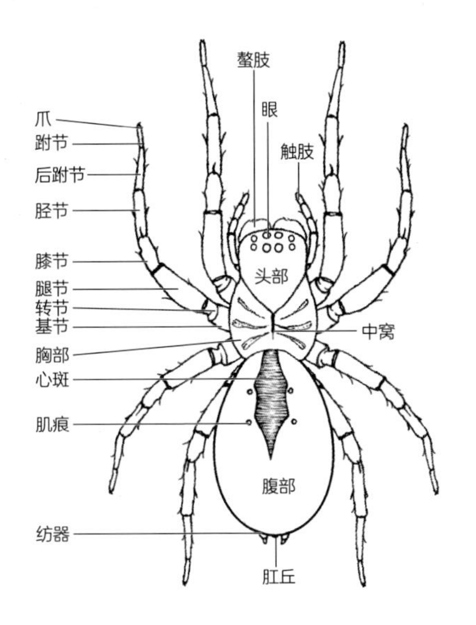

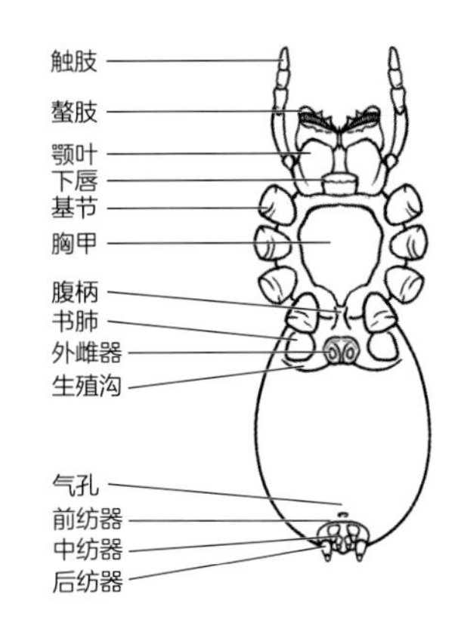

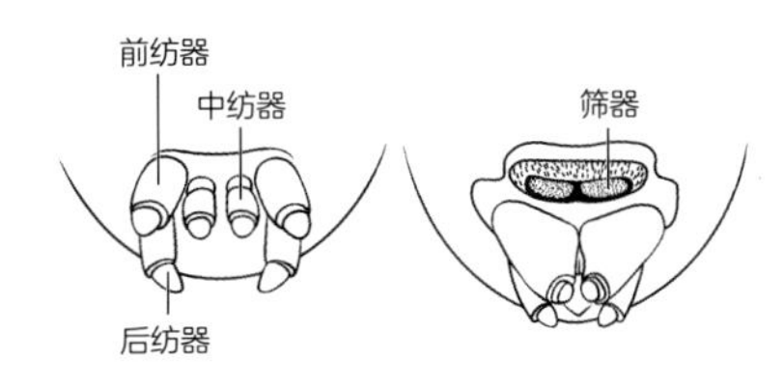

触肢

蜘蛛的头胸部前部具有触肢，实际上是第 5 小对附肢演化而来的。这是重要的感觉器官，同时也用于抓握猎物。对于雄蛛，触肢在交配中也起着非同寻常的作用。雄蛛在动物界是独一无二的，因为它们会拾取并携带准备注入雌蛛体内的精子。此外，触肢能像复杂的钥匙插入匹配的锁一样，插入雌蛛腹部的外雌器中。只有在显微镜下才能充分认识到这些器官的复杂性和多样性。由于每个物种都有其特殊的适合交配的构造，所以雄蛛的触肢和雌蛛的外雌器是大多数物种进行鉴定时，重要的参考特征。

步足

蜘蛛的4对步足分为不同的节。跗节的末端分布有爪。结网蜘蛛通常有3个用来控制网的爪钩，而一些游猎蜘蛛则失去了一只爪钩，常通过帚形毛簇代替相应的功能。一些科在第4对步足的胫节背侧有一系列弯曲的刷毛，称为栉器。它用于从筛器中提取黏性物质。当这种物质与普通蛛丝结合时，会产生厚实蓬松的花边状蓝色网。

蜘蛛的步足覆有各种各样的毛和刺，每种都有特殊的作用。大多数具有感觉功能，并在基部具有独立的神经分布。有些毛对触觉敏感；有些在末端有化学感受器，可通过触碰获知味觉；而其他细小垂直的毛，即听毛，对气流和振动高度敏感；更坚硬的刺状毛则有助于捕获猎物。跳蛛和山猫蛛通常具有扁平的毛，就像蝴蝶翅膀上的鳞片一样，可以通过反射光产生缤纷的颜色。

其他能够察觉压力、湿度和热量的感觉器官也可以毛或刺的形式存在于步足或身体上。

栉器

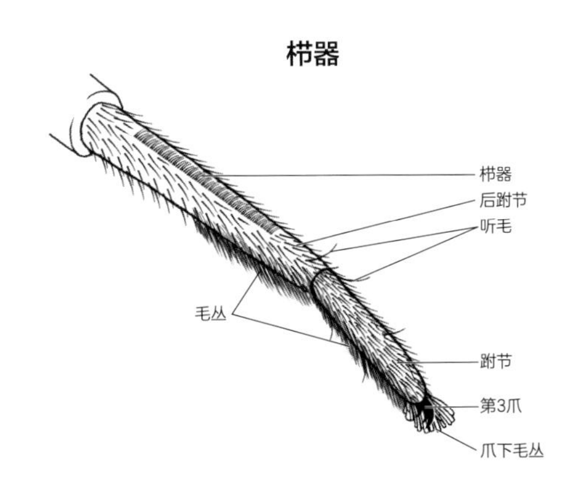

步足的部分，示毛和刺

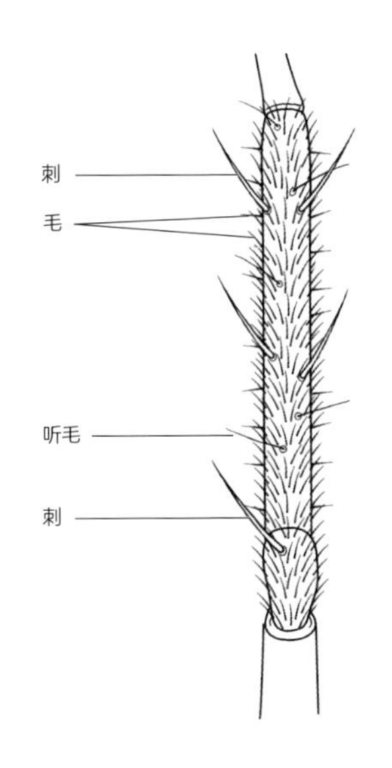

◄ 棒毛络新妇（*Nephila clavipes*）在蜕皮。

蜘蛛的名称和分类

蜘蛛与其他腿部分节的生物（如螃蟹、蝎子、千足虫和昆虫）都被归类为节肢动物。与有 6 只步足、通常有翅膀的成年昆虫不同，蜘蛛及其亲属（包括螨虫和蝎子）有 8 只步足，并同属蛛形纲。在蛛形纲内，所有蜘蛛均属于蜘蛛目。根据身体的构造和行为，蜘蛛被进一步分为两个亚目和上百个科。

地球上目前大约有 40 000 种蜘蛛被命名，在未来如果它们的栖息地仍然未遭破坏，则可能还有至少 3 倍于此的物种有待发现。即使在像英国这样一个拥有很多博物学家的国家里，也经常会在已知的 650 多个物种的基础上有新的发现。在北美无疑还有许多物种尚待发现、命名。

显然，如果我们希望对如此庞大的数目有所了解，通过相似的特征将蜘蛛划分为不同类群是至关重要的。很少有物种具有英文名（或者以其他语言命名），即使有，这些名称也很可能会基于不同的特征。

为了避免命名混乱，国际公认学名的出现则显得至关重要。“家居蜘蛛”的名称可以指某些物种中的任何一种。实际上，美国家居蜘蛛与欧洲的家居蜘蛛属于完全不同的科，而“跳蛛”的名称可以指 5000 种跳蛛中的任何一个！用英语命名科也会引起很多混乱。以球蛛科（Theriidae）为例，仅在英语中，这个家族就至少被赋予了 4 个不同的名称：脚手架蜘蛛网蜘蛛、空间蛛网蜘蛛、织网蜘蛛和梳足蜘蛛。科学名称并不是随意起的，它与不同类群之间的构造、特性紧密联系。分类或分类法只是基于演化关系

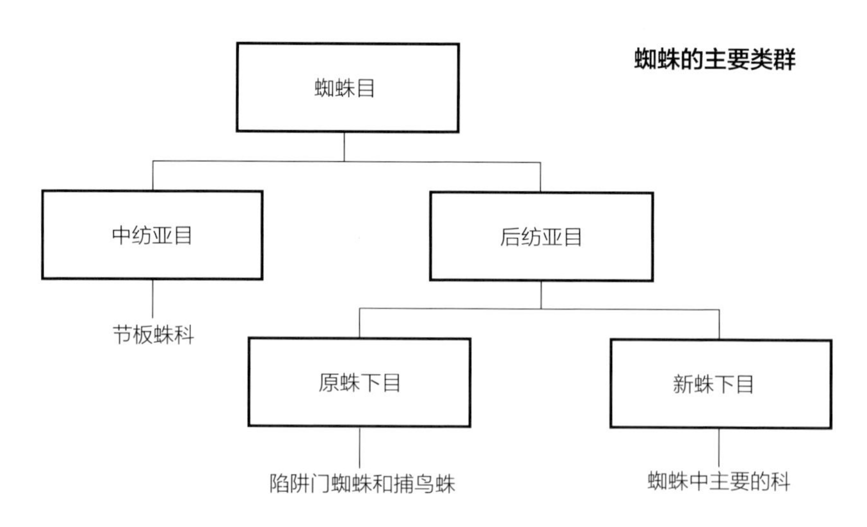

黄闪蛛（*Heliophanus favipes*）的分类及其含义

界	动物界	和植物界相对
亚界	后生动物亚界	多细胞（和单细胞相对）
门	节肢动物门	字面意义的“肢体分节”
纲	蛛形纲	包括盲蛛、蜱、螨和蜘蛛
目	蜘蛛目	蜘蛛
下目	新蛛下目	螯肢像钳子一样活动的蜘蛛
科	跳蛛科	跳蛛
属	闪蛛属（*Heliophanus*）	来自希腊语的“在阳光下找到”
种	黄闪蛛（*flavipes*）	红色的步足

的生命体的档案系统，一种具有分支结构的等级制度。界位于最上层，界被进一步划分为门、纲、目、亚目、科、属和种。有时需要将分类进一步复杂化（或简化，具体取决于你的观察方式），添加更多层次，例如亚科，甚至是亚种。

按照惯例，科名以 idae 结尾，但它们也有其他用法。例如，园蛛科（Araneidae）也被用于指代蜘蛛目（araneids）。在本书中，只有正式的科名首字母才大写。

上表则显示了一种普通的黄闪蛛（*Heliophanus flavipes*）是如何分类的。

关于这一点，有必要谈谈蜘蛛分类时可能存在的亚目。它涉及蜘蛛在结构上与其他科的根本差异。

中纺亚目（Suborder Mesothelae）

节板蛛是一类非常古老的蜘蛛，是现存的所有蜘蛛的祖先。如今，节板蛛只有一个科尚存，仅包含少量的种，并且都分布于东南亚地区。有趣的是，它们与现今主流的蜘蛛不同，却与昆虫相似，腹部是分节的，腹部中央还有 8 个纺器，而且节板蛛都生活在洞穴或被虚掩的地下洞穴中。

后纺亚目（Suborder Opisthothelae）

本书中的所有蜘蛛都是该亚目的成员。它们被进一步分为两个下目，原蛛下目（Mygalomorphae）和新蛛下目（Araneomorphae）。

原蛛下目

这类蜘蛛是很常见的一个类群，比如硕大而多毛的捕鸟蛛或狼蛛，但它们与分布在西班牙的真正狼蛛没有任何关系，狼蛛属于狼蛛科（Lycosidae）。

原蛛下目是一个相对原始的群体，由 11 个科组成，并以大型的向前突出的螯肢为特征，螯牙平行于螯肢，通过上下运动控制后者。与“现代”蜘蛛中所具有的一对书肺不同，这类蜘蛛有两对书肺。像节板蛛一样，大多数原蛛生活在地下洞中，洞口通常带有活板，因此也称为活板蜘蛛。北美有几种，而北欧只有一种近亲地蛛（*Atypus affinis*）作为代表。这种蜘蛛很稀有，并且为英国所特有。

新蛛下目

新蛛占蜘蛛的绝大多数，有时被称为真正的蜘蛛，并且被认为是高度演化的。这些蜘蛛与其他两个亚目蜘蛛之间的区别在于，螯牙附着在头部，并且可以侧向运动，这使它们的咬合范围更大。它们还能够制作许多种不同的丝，并演化出用于呼吸的气管，只具有原蛛两对书肺中的一对（昆虫则更进一步，仅有气管）。

新蛛下目由 80 多个科构成，多样的形态和生活方式使这个类群得以在全球的各个角落里繁衍生息。通常，来自不同科的蜘蛛在很多方面都明显不同。

最后，在许多蜘蛛科中，有一个或多个属。属名总是以大写字母开头，是科学名称的第一部分。每个属中可能有一个或多个物种，其名称构成科学名称的第二部分；根据惯例，这两部分名称应以斜体显示。通常，一个属中的物种看起来是相当类似的，并且倾向于具有相似的生活方式，只是适应于不同的栖息地。

由于与大多数其他动物相比，蜘蛛在过去的这些年中常被忽视，并且随着新物种的发现，分类学家还在不断修正他们对蜘蛛彼此关系的认知。于是，科学名称也随之更改，物种有时会从一个属被归到另一个属。请注意，本书中使用的名称也许会与另一本书不同。但是，在不久的将来，分子系统发育分析可能会改变我们对蜘蛛科彼此之间关系的看法。

园蛛用其爪处理网。

蜘蛛丝

很多无脊椎动物会产生丝，例如某些昆虫的幼虫和螨虫，但是没有生物能在丝的多样性或使用的巧妙性上与蜘蛛相提并论。丝穿插在蜘蛛生活的方方面面，丝也是蜘蛛在过去3亿年中取得巨大成功的主要原因，这使它们能够与昆虫竞争。除了制作用来捕食猎物的蛛网之外，蜘蛛还可以从多达6个不同的丝腺中生产出一些具有不同特征、类型的丝：黏稠的黏胶丝、用于连接线的丝、用于在线上粘住猎物的黏性物质、用于包裹猎物的丝、像羊毛的筛状丝、拖曳丝、用于保护卵囊的丝，还有轻而薄的可以带小蜘蛛飞到上千米高空的游丝。

丝是由腹部特殊腺体产生的氨基酸链组成的纤维蛋白。尽管它看过去是一条肉眼可见的线，但实际上它是由几根非常细的线组成的，线的直径为0.000 25~0.001毫米。开始时，它是一种液体，被推着通过一条长管，到达蜘蛛用于喷丝的纺器上，再经过挤压，凝固成股状。大多数蜘蛛的腹部后部有2对或3对纺器。

纺器控制蛛丝被挤出的厚度和速度。当最初的液体通过管道释放到空气中时，它们被拉伸成长条状，然后由纺器缠绕成坚固的丝纤维。如果想观察蜘蛛做这些工作的过程，通常需

扇妩蛛重新回收旧网前会先将其包裹起来。照片中步足显得有点模糊，这是它们卷起丝时的快速动作导致的。

要借助放大镜或相机镜头。这是一件非常令人兴奋的事，因为在观察蜘蛛操纵纺器或筛板时，还有可能看到它们如何操作 8 条步足，通过跗爪摆弄不同的线或帮助自己固定在网上。

虽然整个过程都出于本能，但它总是使我想起一个用十指和两只脚演奏巴赫赋格曲的风琴手。

蜘蛛的几个丝腺均经过优化，可生产出不同质量的丝。因此，当蜘蛛将一系列不同比例的丝缠绕在一起时，就可以形成各种各样的网。此外，蜘蛛还可以将丝制成多层，然后再涂上不同用途的物质，例如具有粘连或防水功能的材料。

蜘蛛网的强度和弹性具有不同寻常的传奇色彩，某些类型的蜘蛛网的强度比相同厚度的钢强 5 倍，并且能够拉伸到原始长度的 10 倍左右。到目前为止，其组成的秘密仍未被完全了解。

产丝的消耗是巨大的，所以当网因受到损坏被拆下或蜘蛛想要搬到新的地方时，它们会把网回收。为了达到此目的，蜘蛛会将丝卷成球，然后一边沿着网移动，一边将其吃掉。

典型的蛛/圆网的构造

蛛/圆网构造中最困难的部分是搭建第一根线。这必须是一条坚固的水平线，其余的网将悬挂在该水平线上。那么蜘蛛是如何将线放置在两个连接点之间的呢？答案很简单。它利用了风和一点运气：风从纺器上带走了一根细丝，如果蜘蛛很幸运，那根线就会粘在一个方便构网的地方。然后，它通过额外的股线来增强这根主线。当这根主线足以承受整个网的重量时，蜘蛛会在主线下方悬挂 Y 形的第二条线，以及组成网的 3 根基础性辐射状丝。一旦所有的辐射线都编织完成，蜘蛛会在编织最终的更细的螺旋线之前，先织一条临时的螺旋线，并在完善整个网的过程中吃掉它。

网的可见度

人眼无法在 10 厘米的距离内，检测到直径小于 25 微米的物体，但是球状网上的线的平均直径约为 0.15 微米，最细的线只有 0.02 微米宽。所以只有当网被灰尘或露水覆盖，或者被阳光或其他光源照耀时，网才会被我们看见。这就是我们无法看到许多球网结构的原因，毕竟有时只有网的一部分能反射光。因此，线条画显示的网的结构优于照片。

▼ 典型圆网的构建。

不同性别和成熟程度的区分

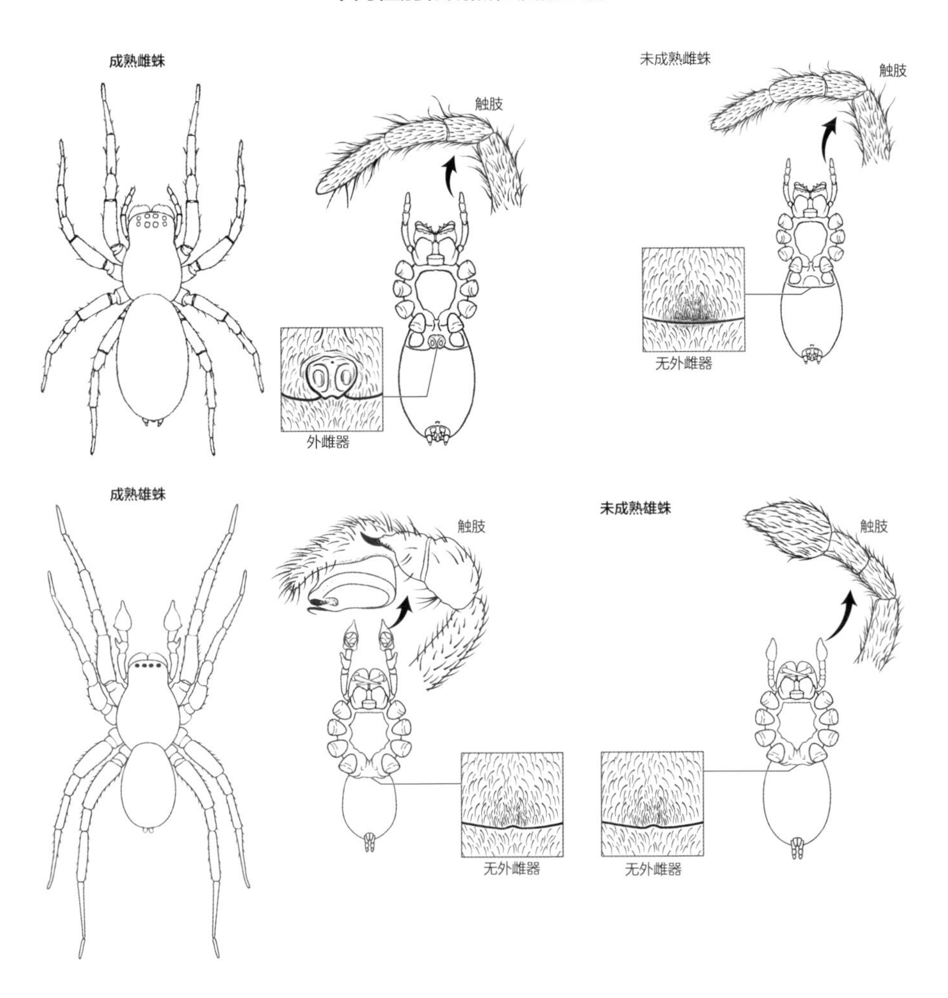

蜘蛛的性别

对蜘蛛进行鉴定并不是本书的优势所在，因为已经有几本书非常出色地做到了这一点，但是能够确定蜘蛛的性别仍然非常有用，毕竟这是鉴定它们的第一步。只有仔细检查显微镜下的触肢器或外雌器，才能确定许多蜘蛛的种类，尤其是较小的蜘蛛。最好将未成熟的标本扔掉。

求偶和交配

蜘蛛的求偶和交配习惯是动物界中最奇怪的行为。它们的生殖器官、生理机能、精心的求偶和奇异的交配行为似乎源于科幻小说，而不是地球。雄蛛和雌蛛的颜色、大小或形状往往非常不同。通常，成年雄蛛比雌蛛小，并且可以通过巨大的触肢器识别出来。

不论是雄蛛还是雌蛛，生殖器开口都位于书肺之间的腹部下侧。此外，雄蛛的每个触肢器末端（跗节）都有异常复杂的辅助性器官。对于不同物种，它们的解剖结构完全不同，并且这些结构与蜘蛛腹部的精巢之间没有任何联系。雌蛛的生殖器官外雌器位于书肺之间的生殖器开口（鼻沟）的正上方。它的复杂性无法与雄性的触肢器相提并论，但重要的一点是，两者的构造使其在交配过程中可以完美地互连，就像锁和钥匙一样。

漫长的交配过程的初始阶段如下。首先，雄蛛会编织一张精子网，这是一个小的矩形或三角形丝网，在其上放置一小滴包含精子的精液。然后，触肢器会浸入其中并吸收液体，就像吸取墨水的钢笔一样，但尚不确定这一过程是依靠吸力还是表面张力。于是，精子被储存在那里，直到雄蛛找到伴侣。

雄蛛的下一个任务是寻找伴侣。根据蜘蛛的类型和不同类群分布的密度，这可能需要几分钟到几天的时间，但是一旦雄蛛感受到雌蛛的存在，好戏就开始了。在某些蜘蛛中，求偶行为可能很短暂或根本不存在，它们只是将两条步足互相交叠并交配，但是在大多数物种中，这已经演变成了精心操办的仪式，可以与华丽且最具创造力的鸟类求偶仪式相媲美。

这种仪式行为是有充分理由的。对于雄蛛来说，交配过程通常是特别危险的，因为雌蛛不仅在本能上有很强的攻击性，而且通常也比其伴侣大得多。雄蛛必须以正确的方式接近雌蛛，并采取规定的婚前礼节，否则它很可能会被误认为是猎物，并最终被当成饭食而非配偶。

求偶的形式取决于蜘蛛的生活方式及其不同感官的重要程度。对于网的构建者，网在求爱期间充当通信线

盗蛛属（*Pisaura*）雌蛛的外雌器。

一只雄性的新园蛛尝试接近雌蛛。

路。雄蛛首先对网进行一系列轻微的扭动，使雌蛛识别求爱信号。如果雌蛛能感到幸福，就会允许对方进入并进行交配。万一信号传输不正确，或是雌蛛没有准备好，雄蛛就不得不特别小心。有一种孔蛛属（*Portia*）的热带亚种蜘蛛学会了利用这一求偶方式，达到捕猎的目的。它通过模仿雄性结网蜘蛛的求偶信号，接近雌蛛，然后再立即发起攻击并将其捕获。孔蛛甚至有一个内置的信号数据库可以针对不同的物种做出不同的反应。它还能够针对来自猎物的反馈信号灵活地进行试错调整。尽管预编程的行为也是出于本能，但将试错法用于问题的解决，对于无脊椎动物来说，还是很令人震惊的。

蜘蛛在狩猎时通常依靠敏锐的视力来寻找猎物，因此发展了以视觉为基础的求爱方式。一旦雄蛛找到了合适的伴侣，也许会采取类似某些昆虫的方式，通过信息素进行追踪。在找到合适的伴侣后，它会通过步足和触肢器的复杂动作来表明自己的意图。最具骑士精神的蜘蛛便是迷人而活泼的小跳蛛。因为它们拥有最敏锐的视力，所以它们的舞蹈最为精致，涉及步足的挥舞和触肢器的振动，而求偶行为对于每个物种都不同。鲜亮的金属光泽，以及头部、步足上簇状毛的装饰可以为这壮观的表演增色不少。

其他科的蜘蛛则采用较简单的求

➤ 雄蛛将触肢插入雌蛛的外雌器。注意膨胀的触肢。

爱策略。例如，对于相对原始的猛蛛，雌蛛没有外雌器，而雄蛛只有简单的触肢器，求偶通常只是通过触摸来完成的。有一些蜘蛛可能只会在夜间出现，并生活石头下面、树皮或洞穴中。这些蜘蛛几乎完全通过触摸、味觉或步足上的特殊感觉器官来获取周围环境的信息。像狩猎蜘蛛一样，这类蜘蛛可能需要依赖信息素。

一些雄蛛，例如盗蛛（*Pisaura*），会把捆绑好的猎物作为礼物，赠送给配偶，从而分散对方的掠食性本能。花蟹蛛（*Xysticus*）采用了一种非常怪异的技能，这种技能被称为束缚法。雄蛛会围绕雌蛛盘旋，用两条步足轻轻抚摸对方，直到它变得顺从，然后再用薄薄的丝覆盖并固定它，从而不冒任何危险地与之交配。雄蛛离开后，雌蛛才会挣开束缚去产卵。

与求偶一样，不同科之间的交配行为差异很大。交配行为的主要目的是帮助这对蜘蛛找到适合的姿势，将先前准备好精液的雄性触肢器与雌性外雌器相接触，从而使精液得以转移。这一个过程的具体细节在很大程度上取决于触肢器和外雌器的复杂性。完成转移的精子在受精之前，被储存在雌蛛的腹部。

一些雄蛛通过封闭外雌器来维护伴侣的贞操，以确保自己的父权。而有些物种则可以通过简单地保持和谐相处来达到相同的目的。许多雄蛛还会继续四处寻找其他雌蛛进行交配。但随着身体的衰弱，它们可能会最终成为其中一只雌蛛的猎物。作为人类，我们可能会觉得这太可怕了，但是从蜘蛛的角度来看，这种命运对于物种的存续远比被鸟吃掉，或者死于衰老要好得多。

蜘蛛叮咬

与大多数昆虫不同，蜘蛛的身体柔软且容易受伤。而且，蜘蛛没有爪、大型下颚或毒刺，并且大多数都很弱小胆怯。阻止敌人和捕捉猎物的能力对它们来说至关重要，特别是织网和毒咬这两项技能。矛盾的是，毒性强的物种通常很小。它们依靠强大的毒液将猎物瞬间击倒。

蜘蛛即使被激怒也很少咬人。对于蜘蛛来说，人的皮肤只是条普通的路，没有任何去咬的意义。此外，绝大多数北欧蜘蛛都会因为太小而无法弄破人类的皮肤。它们的叮咬本能实际上是对小的移动或振动的物体（例如苍蝇而不是手指）做出反应。多数叮咬是由于蜘蛛不小心被皮肤绊住所致。

只有极少数的欧洲物种具有咬人的潜力，其影响不太可能比针刺更糟糕。尽管蜘蛛数量很多，但被叮咬是极为罕见的。我们都知道，在世界上较热的地区有一些人令人厌恶的蜘蛛——黑寡妇（*Latrodectus*）和平甲蛛（*Loxosceles*）。它们是来自北美的

雄性水蛛（*Argyroneta*）的大颚。

臭名昭著的物种，另一个是来自澳大利亚悉尼的阿特蛛（*Atrax*），它被认为是世界上最危险的蜘蛛。但是，几乎没有因蜘蛛咬伤而导致死亡的实例发生，而蜜蜂和黄蜂每年会杀死数千人。幸运的是，在北欧没有发现任何有潜在危险的蜘蛛。

围绕狼蛛的谬论是从它们的名字开始的。它们的名字起源于中世纪意大利的塔兰托村，在那里人们被某种蜘蛛咬伤后，会产生剧烈的疼痛、呕吐和痉挛等一系列症状。所谓的治疗方法是表演一种疯狂的舞蹈——塔兰台拉舞，直到受害者精疲力尽。奇怪的是，被认为会咬人的那些大型狼蛛，其实大部分时间都生活在地下洞穴中，不可能咬人，而且它们的毒液对人类的危害相对较小。如果有罪魁祸首的话，可能是间斑寇蛛（*Latrodectus tredecimguttatus*），这是一种与黑寡妇密切相关的引人注目的红斑蜘蛛。

即使是大型的、毛茸茸的食鸟蜘蛛或狼蛛，也常被误解。尽管它们令人印象深刻的毒牙可以轻易地划破皮肤，但大多数物种的毒液对人类的影响很小。有史以来最著名的捕鸟蛛也许是“托马斯”（相关的电影编剧给这只捕鸟蛛取了这个名字）。托马斯在詹姆斯·邦德（James Bond）的第一部电影中曾扮演过主角，剧中它被迫（我必须补充说明这一点）爬过扮演者肖恩·康纳利（Sean Connery）赤裸的胸膛……但这是另一个故事！

话虽如此，在北欧和北美还是

一只处于威胁姿势的石蛛（*Dysdera*）。

有一些例外。如果不注意的话，你就有可能被某些较大的物种，例如隅蛛（*Tegenaria*）和园蛛（*Araneus*）咬到。水蛛（*Argyroneta*）和石蛛（*Dysdera*）都是具有大颚的物种，在不需要受到太多挑衅时就会咬人。也有一些被布莱克幽蛛叮咬的报道，但在这种情况下，原因是可以理解的。布莱克幽蛛不仅很常见，而且喜欢在夜里爬到墙壁上寻找猎物。黄昏时，它通常会躲在散落在地板上的衣物中，尤其是在角落或地板边缘附近。当沉睡的蜘蛛受到打扰，被甩到人类的身上时，它自然会使用自身唯一的武器来捍卫自己。正是在这种情况下，我曾被罕见的花岗园蛛（*Araneus marmoreus*）咬过。当衣物被晾晒在灌木附近的晾衣绳上时，蜘蛛一定已经悄悄潜入了我的衬衫。虽然被叮咬的感觉只不过像被针刺而已，但是如果你担心的话，在穿衣服之前把衣服抖抖就好了。

另一种能咬人的欧洲蜘蛛是类石蛛（*Segestria*），这是一种具有绿色闪光大颚的大家伙。它的颚会迅猛地咬住在其隧道入口附近徘徊的任何东西，例如手指。我的一个朋友很勇敢地试着这么做过。蜘蛛像海鳝一样弹射了出来，抓住他的手指并咬了10多秒钟才终于松开。他的手指麻木了两天！

最近，有报道称从马德拉和加那利群岛输入的一种外来蜘蛛在英国定居。就像黑寡妇蜘蛛一样，它生活在房屋和附属建筑周围。被它咬伤会引起剧烈的局部疼痛和肿胀。它是一种球蛛，比花园蜘蛛小一些，但身体为

一只贵族肥腹蛛（*Steotoda nobilis*）潜伏在其球网的背景中。

圆形，呈有光泽的暗褐色。它的名字叫高尚肥腹蛛（*Steatoda nobilis*）。显然，它的神经性毒液会引起神经递质的产生，并且它似乎模仿了与其密切相关的黑寡妇（*Lactrodectus*）产生的毒液。它常被发现倒挂在棚子和门廊中缠结的网上。这种蜘蛛显然在进一步扩散中——我在离人类居住地很远的地方，乡间小溪的一座桥上也发现了这种蜘蛛。

毫无疑问，除了少数特别有毒的蜘蛛会咬人外，黄蜂和蜜蜂造成的叮咬更令人痛苦，而且伤口可能更严重。但对于大多数人来说，被蜘蛛咬伤造成的心理阴影往往比咬伤本身更严重。

2 夜间猎人

蜘蛛夜间捕猎所使用的技能通常并不依靠网状陷阱或敏锐的视力，而是依靠气味、触觉或猎物引起的振动。许多蜘蛛在晚上特别活跃，其中包括许多圆形织网蛛、吐丝蜘蛛和家蛛。这里记载的是那些真正在夜间活跃的蜘蛛。它们的颜色通常比在白天活跃的种类暗得多，大多数是棕色、黑色或灰色，并且通常配有细毛。它们也不太引人注目，因为它们更喜欢偷偷摸摸，而不是像白天活动的蜘蛛那样会通过高速猛冲来追捕猎物。同时，它们的眼睛比日间活跃的蜘蛛小很多。白天，这些夜间狩猎者躲在石头下的凹地里，躲在原木和树木上的洞里，或者蜷缩在树叶里。

布莱克幽蛛（*Scotophaeus blackwalli*）是欧洲常见的夜间狩猎者，同时在北美洲也有分布。夜晚时它在房屋中四处徘徊，寻找猎物，然后以冲刺的方式猛击猎物。另一个较不常见的物种是色泽更鲜艳的柯氏石蛛(*Dysdera crocata*)。

夜间狩猎的蜘蛛

平腹蛛科（Gnaphosidae）蜘蛛通常被称为地蜘蛛或隐身蜘蛛，大多为灰色或黑色，缺乏花纹，并具有短的丝毛，但有些物种则呈现微妙的霓虹色。它们具有凸出且间隔较大的圆柱形纺器。

平腹蛛科蜘蛛主要是在地表分布，很少占据树栖生境。它们在卷叶或石头下面静静地蜷缩着，白天躲藏起来，直到晚上才出现。这些蜘蛛依靠气味、触觉和潜行来寻找猎物。

平腹蛛科蜘蛛通常是在开放和干燥地区最常见的蜘蛛。北美约有 250 种，北欧则有 15 种。

◄ 石蛛。

管巢蛛在丝囊里。

夜行蜘蛛还包括石蛛科的木虱蜘蛛或长距的六眼蜘蛛。石蛛科是相对原始的夜间短视蜘蛛，它们的腹部都相当长，光滑，没有清晰的图案或斑纹。与其他地面蜘蛛一样，它们不通过织网来捕捉猎物，而是在原木和石头下进行隐藏来捕捉。

突出的下颚使它们看起来很凶恶。它们仅具有 6 只眼睛，并以圆形排列。雌蛛没有外雌器，而雄蛛的触肢器也构造简单。这种蜘蛛是捕捉木虱的专家，它们那令人印象深刻的毒牙适合刺穿木虱和其他类似节肢动物的坚硬外壳。而对大多数其他蜘蛛来说，木虱则是一种难以应对的生物。

石蛛科蜘蛛在北欧有 4 个种，而在北美地区只记录了 1 种。

管巢蛛科，是一类大型的夜行性蜘蛛，与夜间潜行的平腹蛛科蜘蛛看起来很像。区分两者最简单的方法是检查纺器：平腹蛛科蜘蛛的纺器是圆柱形的，并且彼此相距较远；管巢蛛科蜘蛛的纺器则更尖，通常较小。此外，管巢蛛是典型的依靠树叶的狩猎者。这些蜘蛛大多数是棕色或灰色的，除了天鹅绒般柔软的表层毛上具有细微的条纹外，几乎没有什么显著特征，但也有一些例外。多数物种只有通过显微镜才能被可靠地鉴定出来。

管巢蛛之所以如此命名，是因为它们白天习惯于隐藏在石头或树皮下的丝囊里休息。有些种类出现在地面上干燥的环境中，类似于平腹蛛；而另一些则喜欢栖息在灌木丛和树木中较高部位的潮湿处。北美有 58 种，北欧则发现了 35 种。

红螯蛛属于红螯蛛科，与管巢蛛相似。它们曾经被分类在同一个科中，但是前者的步足更长，身体更坚固。像管巢蛛一样，它们是夜间徘徊的猎人，白天藏在丝囊中。大多数物种居住在地面、森林、灌木丛和多石的沙漠中。这是一个小科，全世界只有 40 种左右。在北美发现了 12 种。

近管蛛也是夜行蜘蛛，被称作嗡嗡声蜘蛛或幻影蜘蛛。

近管蛛属于近管蛛科，与管巢蛛相似，主要栖息在树叶和枯枝落木之中，白天隐藏在管状丝囊中。在显微镜下，可以通过位于纺器和胃外沟之间错位的气管呼吸孔来识别这个科的蜘蛛。嗡嗡声蜘蛛不在网中捕获猎物，它们捕猎的方式类似于逍遥蛛，通常以奔跑的方式猎杀昆虫。北美有 37 种，北欧有 1 种。

平腹蛛在粗棉布上。

布莱克幽蛛（*Scotophaeus blackwalli*）

Scotophaeus 来自希腊语 scotos，意为“黑暗”; blackwalli 源自 19 世纪蜘蛛专家约翰·布莱克沃（John Blackwall）的名字

在家居蜘蛛中，最常见的物种之一是布莱克幽蛛，属于平腹蛛科。布莱克幽蛛不像家蛛那样躲藏在黑暗的角落里，而是在夜晚偷偷摸摸地在墙壁和天花板上四处寻找猎物。通常它看起来就像个缓慢移动的深色斑点，还会不时地停下来休息一下。

尽管布莱克幽蛛并不通过织网来捕获猎物，但是当它四处走动时，会拖着一根丝线，并在遇到猎物（如蚊子、蛾子和苍蝇）时凶猛快速地扑向它们。当布莱克幽蛛不在房子里四处爬行时，它会在柔软的丝囊中度过一天，通常会隐藏在画框后面的缝隙中、窗帘或衣服的褶皱中。它能在没有水的情况下生存几个月，非常适应家庭环境。

一只完全成熟的雌性布莱克幽蛛大约长 12 毫米，这种大小加上它深色的天鹅绒般光泽的外观，给它带来些许令人毛骨悚然的光环。尽管不具有攻击性，但这种蜘蛛偶尔还是会夹到人。但是，与黄蜂和马蝇等大多数其他小生物的袭击相比，这种咬伤是微不足道的！

石蛛从电源插座内的巢穴中向外窥视。

在夜间四处觅食的管巢蛛。

在一年中的任何时候，在欧洲温暖的地区，树皮下或墙壁上的洞中都可以看到布莱克幽蛛；但在英格兰，它只生活在房屋内或房屋周围。现在在北美已经发现了这一物种，它们是从欧洲引进的。

石掠蛛（*Drassodes lapidosus*）

Drassodes 来自希腊语 drassodes，意为“活跃于道路上”；*lapidosus* 来自拉丁语，意为“多石的”

另一种在地面活跃的常见大型蜘蛛是石掠蛛（*Drassodes lapidosus*）。它是北欧平腹蛛科中最大和最猛的，长约 18 毫米。它的体表圆滑，呈暗灰褐色，腹部是微微发粉的灰色，运动灵活，在白天退缩在石头、原木或草丛下面，受到干扰时能够快速移动。到了晚上，掠蛛从丝囊中出来，四处寻觅食物。

掠蛛属中有多个不同的种，在整个欧洲都能看到这种蜘蛛。只有使用功能强大的摄影镜头或显微镜仔细观察，才能识别其中的一些种。北美有 6 种。

管巢蛛与猎物。

柯氏石蛛（*Dysdera crocata*）

Dysdera 来自希腊语，意为“没有羊毛”；*crocata* 来自拉丁语，意为“橙黄的”，指其无毛的黄腹部

由于具有明亮的橙色步足和甲壳、鲜明的奶油色腹部，加上巨大的凸出的螯肢和锋利的尖牙，使这种蜘蛛看起来十分邪恶。石蛛科的这个成员（在北美被称为鼠妇杀手）偏爱略带潮湿的栖息地（通常在建筑物周围），白天通常在原木或石头下的丝囊中休息。夜幕降临时，它便会外出游猎。

大多数夜行性蜘蛛会在柔软的丝囊中度过一天。

管巢蛛在夜晚游猎。

管巢蛛与其猎物。

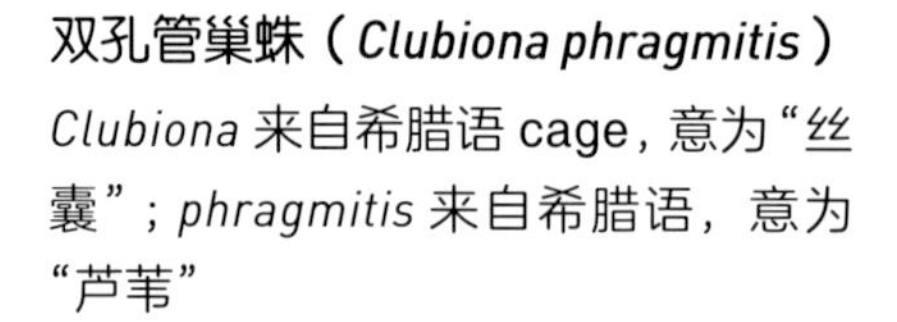

双孔管巢蛛（*Clubiona phragmitis*）

Clubiona 来自希腊语 cage，意为“丝囊”；*phragmitis* 来自希腊语，意为“芦苇”

管巢蛛科的蜘蛛习性彼此大致相似，尽管其中的不同物种占据了迥异的生境。

于草头四处觅食的蜘蛛与猎物。

飘红螯蛛（*Cheiracanthium erraticum*）

Cheiracanthium 来自希腊语，意为“荆棘之手”；*erraticum* 来自拉丁语，意为“游荡”

飘红螯蛛是同属蜘蛛中最常见也是最漂亮的成员。与更喜欢树栖生活的其他红螯蛛科蜘蛛不同，它生活在低矮的植物中，例如石楠和草上。

找到这种蜘蛛的一种方法是寻找其与枯萎草头交织在一起的丝囊，这些草头能保护蜘蛛及其所产的卵。当光从背面照射时，通常可以看到蜘蛛夹在草头中间。

这种蜘蛛在欧洲很普遍，而在北美则是一些相似种。某些较大的物种以咬人和引起坏死性水疱而闻名。

强壮近管蛛在腹部显示出特征性的双 V 形图案；与猎物一起待在花上（左图）。

强壮近管蛛（*Anyphaena accentuata*）

Anyphaena 来自希腊语，意为“无网”；*accentuata* 来自拉丁语，意为“唱歌给别人”

几乎没有蜘蛛能发出人类可听见的声音，但强壮近管蛛是一个例外。作为精心设计的求爱展示的一部分，雄蛛会抬起前侧的步足，用腹部猛烈地拍打它下面的叶子，发出尖锐的嗡嗡声，就像放在纸上的音叉。

强壮近管蛛是近管蛛科在欧洲分布的唯一一个已鉴定的种，但是北美是该科的总部，其近亲相当普遍。强壮近管蛛一般可以通过腹部上明显的黑斑识别出来，尽管雌蛛在产卵后会变灰并失去其特征性斑纹。

强壮近管蛛特别擅长从一片叶子飞到另一片叶子，扑向它们喜欢的昆虫，例如小苍蝇和叶蝉。找到一只强壮近管蛛的最好方法是在初夏拍打树木和灌木丛下部的枝条，尤其是橡树枝条，尽管很少有雄蛛能存活到 6 月。

3 日间猎手

与其他大多数蜘蛛类群相比，日光猎手使用的捕食方法相对传统。它们不是依靠网状陷阱或吐丝之类的狡猾技术，而是通过视觉寻找猎物并对其追捕或伏击。例如许多狼蛛，可以高速追捕猎物，就像猎豹追赶羚羊一样，时不时还会有奇怪的小跳动穿插其中。这些蜘蛛主要包括跳蛛、狼蛛、盗蛛和猫蛛，它们在很大程度上依靠视觉捕食猎物，因此通常可以从较大的眼睛来识别它们。

狼蛛是人们最熟悉的一种蜘蛛。在春季或夏初，乡村散步的人们都会注意到在干燥的多叶林地表或开阔的田野上的动静，因为这些“猎人”受打扰后会冲向安全地带。的确，你所看到的任何在坚硬地面上飞奔的蜘蛛，最有可能的是狼蛛。尽管大多数狼蛛在地面上度过一生，但它们的颜色往往是棕色或灰色的，只有在仔细观察后才能看到更鲜艳的标记。几乎所有的狼蛛都在日间狩猎，它们的两只大眼睛居中朝前排列，提供了狩猎所需的敏锐视力。尽管它们很常见，但它们并不像名字中的狼那样成群狩猎！

其他具有类似掠食性生活方式的蜘蛛包括盗蛛科的狩猎蜘蛛，最著名的是英俊的奇异盗蛛（*Pisaura mirabilis*）和猫蛛科的猫蛛。猫蛛喜欢在植物表面狩猎，经常像跳蛛一样从一片叶子跳到另一片上。在欧洲发现了3种猫蛛，但只有一种栖息在英格兰，而且在那里也很少见，只限分布于少数荒地中；更多的五颜六色的物种则生活在北美。这里的另一个科是幽灵蛛科。在某些方面，它们类似管巢蛛，但与之不同的是这个科的物种基本上都是日间狩猎者。

◄ 从图中可以看出狼蛛眼睛的布局。

日间猎手

狼蛛科蜘蛛有着深色的毛茸茸的外表，具有高速追捕猎物的能力，就像它们的名字所暗示的那样。由于需要出色的视力配合主动出击的狩猎形式，所以它们的前眼特别大，这也成为此科的重要特色。它也是最大的蜘蛛类群之一，在全球范围内约有 3000 种，数量仅次于跳蛛（Salticidae）、皿蛛（Linyphiidae）和球蛛（Theridiidae）。

狼蛛在很大程度上是自由活动的，常可以看到它们在有人接近时在地面上奔跑，特别是在温暖的日子里。通常能够看到将卵囊附着在外雌器上的雌蛛。一些狼蛛会挖洞并捕食靠近入口的昆虫。一些狼蛛（例如獾蛛属物种）主要在夜间活动，可以用手电筒找到它们，因为它们的眼睛与夜行型哺乳动物一样能反射光线。

与狼蛛相同，盗蛛也是一种自由活动的物种，不通过结网来捕食猎物，而是依靠出色的视力。它们通常比大多数狼蛛大，长 8~30 毫米。雌蛛通过建造大型、明显的帐篷状网来保护后代。它们不像狼蛛那样将卵囊放在自己的外雌器上，而是装载在下颚中。这个家族包括第 9 章所述的狡蛛或钓鱼蜘蛛。

像狼蛛和盗蛛一样，猫蛛也是白天行动的敏捷猎人，更重要的是，它们依靠其大而有效的眼睛寻找猎物。一旦找到目标，猫蛛就会慢慢向前爬行，像猫一样，直至可以突袭的距离以内（这可能会很长）。确实，它们的跳跃能力有时几乎可以与真正的跳蛛相匹敌。在积极追捕猎物的过程中，它们可能还会奔跑着越过树叶和花，有时会停下来蹲伏在低矮的地方，然后继续寻找猎物。从很大程度上讲，它们是一个主要分布在热带的科。

猫蛛喜欢日照，并会进行精美的伪装。大多数物种的步足弯曲明显，腹部苗条，有尖尖的头部和高高排列的眼睛，一对较小的眼睛分布在 6 个较大的六角形眼睛下方。北美分布有 18 种，而欧洲只有 3 种。

乌比克、帕奎因、库欣和罗斯写的《北美蜘蛛》（*Spiders of North America*）中谈到“从 19 世纪中期开始，佐蛛科就未找到适合的分类阶元，并且至今尚未找到合适的位置。”过去，佐蛛科曾在不同时期与平腹蛛科、管巢蛛科、狼蛛科和栉足蛛科放在一起。目前，分类学家暂时把它们划分为一个独立的科，但也许基因分析能揭示它们真正的起源。

佐蛛是栖息在地面和灌木丛中的活跃型蜘蛛，主要在白天活动，它们的捕食策略与管巢蛛相似。佐蛛并不结网，而是主动狩猎。它们在各种潮湿的生境中，在低矮的植被中或在地面的落叶、苔藓以及绿篱和树林的落叶中追逐猎物。北欧有 7 种，而北美只有 1 种。

➤ 奇异盗蛛（*Pisaura mirabilis*）守卫着幼蛛居住的巢。

带状豹蛛用背部携带着幼蛛。

带状豹蛛（*Pardosa amentata*）

Pardosa 来自希腊语，意为“像豹一样身上有斑纹”；*amentata* 来自拉丁语，意为“身体有带状装饰”

大多数狼蛛的卵囊附着在外雌器上，这使得雌蛛在地面上跑动时非常醒目，并使卵暴露在阳光下，加速了卵的发育。孵化后，小蜘蛛会爬到母亲的背上，并被母亲携带大约 1 周。用肉眼观察时，雌蛛腹部看起来毛茸茸的且形状不规则，仔细观察后就会发现那实际上由一个个小蜘蛛组成。雄蛛比雌蛛小一些。它们的求爱过程像许多狼蛛一样，采用触肢器和前侧步足发出信号。

带状豹蛛是一种无处不在的物种，存在于各种各样的栖息地中——我花园里的一片野花之中就有它。它是英国最常见的物种之一，在北欧从春季到秋季的任何时间都可以看到。

池塘表面上的真水狼蛛及其卵囊。

真水狼蛛（*Pirata piraticus*）

Pirata 来自希腊语，意为“海盗”；*piraticus* 来自拉丁语，意为“海盗的”

真水狼蛛具有天鹅绒般的锈棕色毛，在整个身体上遍布白色斑点和灵巧的白色横条纹，很喜欢水栖环境。在炎热的天气中，经常可以看到狼蛛科的成员在池塘和沼泽地上奔跑或在下面寻找昆虫。

雌蛛在中午晒太阳，卵囊附着在外雌器上。在受到惊吓时，它会逃遁至附近物体的表面下，几分钟后才会再次出现。

在北美，这种蜘蛛被称为普通海盗狼蛛。不幸的是，这一名字很容易与拟态蛛科蜘蛛（也叫海盗蜘蛛）相混淆，拟态蛛实际上确实过着海盗般的生活。在欧洲和北美都发现了几种非常相似的水狼蛛属物种。

资深熊蛛及其卵囊。

资深熊蛛（*Arctosa perita*）

Arctosa 来自希腊语，意为“熊”；*perita* 来自拉丁语，意为“熟练的”或“经验丰富的”（可能是指伪装方面）

生活在沙滩上需要特殊的改造和伪装，这种在石松科植物上生活的物种显然具备这两种素质。它们具有装饰精美、带有淡粉黑色标记和环纹的步足，能与海岸沙丘和浅沙土壤的自然栖息地完美融合。在北美，与其非常相似的海滨狼蛛有时被称为“沙上奔跑者”。

资深熊蛛的大部分时间都生活在一个带有蛛丝衬里的沙制洞穴中。天气足够温暖时，它会从入口处窥视，等待扑向一些路过的毫无戒心的昆虫。该属的甲壳较为扁平，后眼位于顶部，因此会向上看。像所有狼蛛一样，资深熊蛛的视力敏锐，可以察觉到微小的异动。一旦察觉到任何危险迹象（例如，一个人走到几米之外时），它都会立刻藏进洞里，直到潜在的威胁消失后才再次出现。如果危险看起来特别严重，它们就会用由沙子和丝制成的帘把洞穴入口封住。如果想拍摄它们的活动，就需要把一个长焦微距镜头平放在沙子上，并保持静止一两个小时。只要抽动一下手指，蜘蛛就会迅速逃回洞中。

◂ 资深熊蛛离开洞穴。

不幸的是，资深熊蛛有一个致命的敌人。即使在沙子下，躲在封闭的洞穴中，在不被看到的情况下，敌人也能够检测到它。这是一种小型的绒毛蛛蜂（*Pompillus plumeus*），它会在蜘蛛身上产卵，为孵出的幼虫提供新鲜的食物。据 W.S. 布里斯托称，当蛛蜂感觉到地下有蜘蛛时（大概是闻到了气味），便会像兴奋的猎狗一样疯狂地向地下挖，以找寻蜘蛛。然而资深熊蛛却有一套诡计，这往往使它能够逃脱。隧道是 Y 形的，允许蜘蛛通过备用路线向空旷处快速冲刺。毫无疑问，这样的情况发生时，大约一秒钟后，蛛蜂就会沮丧地发现自己扑了个空。

灰白熊蛛（*Arctosa cinerea*）与猎物，在位于河岸边的洞穴入口处。

灰白熊蛛（*Arctosa cinerea*）

Arctosa 来自希腊语，意为“熊”；*cinerea* 源自拉丁语，意为“灰色的”

这种华丽的狼蛛是英国最大的蜘蛛，尽管雌雄两性都缺少鲜艳的色彩。此处显示的是雌蛛。它一生的大部分时间都待在自己那织满丝的洞穴中，在河流和湖边的沙滩和鹅卵石中埋伏，等待伏击视野范围内的无脊椎动物。它们有时也会冒险出行，以便更加主动地进行狩猎。大多数灰白熊蛛具灰色或棕色斑驳斑点，且步足上的纹路呈环状，因此可以与自己喜欢的栖息地，如沙子、石头的环境相融。尽管有许多类似的物种，但在北美并没有灰白熊蛛。发现这些蜘蛛的一种方法是在晚上。如果你手持电筒，灰白熊蛛的眼睛将会反射出带有特征性的蓝绿色光。

➤ 灰白熊蛛在河岸上晒太阳。

雌性盗蛛和它的卵囊。

奇异盗蛛（*Pisaura mirabilis*）

Pisaura 来自拉丁语 pesaro，是意大利的一个地名；*mirabilis* 来自拉丁语，意为“美妙的”或“非凡的”

这种又大又帅的蜘蛛是英格兰和北欧乡村居民所熟悉的物种，可以在荒野、草原和林地附近找到它。

有显著的证据表明，盗蛛在夏末活动，此时可以明显地看到育儿网散落在其最喜欢出没的低矮植被上。网挂在里侧，雌蛛站在外侧守卫，随时准备攻击任何敢于靠近的入侵者。

这种蜘蛛的颜色很丰富，从巧克力棕或浅褐色到浅灰色变化不一。在甲壳的中间有一条苍白的窄带，腹部有波浪线。盗蛛科有 3 种北欧蜘蛛，无论是在低矮的植被中的盗蛛和拟盗蛛，还是在水面上的狡蛛都有长而强壮的步足和敏锐的视力。并且它们都是活跃的猎手。

像其他不通过结网捕食的狩猎者一样，雌蛛在低矮的植物之间或地面上四处寻找猎物。在休息或感知猎物时，经常可以看到它的两条前侧步足并拢，并以一定角度僵硬地向前伸展，就像探针在嗅空气一样。你必须非常谨慎地接近，否则它会快速躲藏在树叶下或跳入低矮的植被中。在求爱过程中，雄蛛会向伴侣赠送捆绑好的多汁蚱蜢或其他昆虫作为结婚礼物，这在交配过程中起到了转移注意力的作用。然而，有的雄蛛还表现出一些作弊行为，它们把空的尸体包裹起来作为礼物，甚至在交尾仪式结束后带着礼物跑掉！

到了 7 月，可能会发现雌蛛在其胸板下方绕着一个大的球形卵囊。当卵准备孵化时，它将囊附着在一些低矮的植物上，例如长草或石楠花上，并在其周围编织大型保护性蛛网。孵化后，幼虫会聚在一起几天，然后蜕皮并逐渐独自游走。

雌性奇异盗蛛的网。

雄性奇异盗蛛的网。

来自北欧的异形猫蛛（*Oxyopes heterophthalmus*）。

异形猫蛛（*Oxyopes heterophthalmus*）

Oxyopes 来自希腊语，意为“锋利”；*heterophthalmus* 来自希腊语，意为“异眼症”

在猫蛛的 500 多个物种中，大多数都生活在热带地区，尽管在欧洲和北美也发现了其中的几种。英国只有一个代表——异形猫蛛，很是罕见。虽然在欧洲大部分地区都很普遍，但仅分布在萨里的荒野地区。美国南部有一种特别吸引人的物种——蓝绿松猫蛛（*Peucetia viridians*）。它们会对威胁自己后代的入侵者身上吐出毒液，其喷射的距离可达 20 厘米。

来自北美的蓝绿松猫蛛。

蓝绿松猫蛛（*Peucetia viridians*）

Peucetia 是 Pasithea 的另一种形式，Pasithea 是希腊神话中的三大女神之一；*viridians* 来自拉丁语，意为“绿色”

这种英俊、活泼的绿色蜘蛛在美国南部和墨西哥很常见，它比欧洲同种蜘蛛更大，是一种中等大小的约 15 毫米的蜘蛛。尽管来自东南部的那些个体是鲜绿色的，但来自西部的个体却是黄色或棕色的。与欧洲物种异形猫蛛一样，这种蜘蛛每天猎食猎物，敏捷地从一根茎上跳跃到另一根上。它也可以采取更被动的方式，用后侧步足站立，将前侧步足抬高，在花朵和茎上等待昆虫，使人联想起螳螂。

雌蛛吐出一个巨大的卵囊，并将丝线延伸到附近的植物上，形成一种育儿网，并时刻保持警醒，随时准备向任何入侵者的脸上吐毒。

显示米图蛛的典型眼睛排布的特写镜头。

米图蛛（*Zora genus*）

Zora 来自希腊语，意为“暴力”

米图蛛具有自己独特的时尚魅力，但只有在放大镜下才能欣赏到它们全部的美丽。它们具有淡黄色的体色，并点缀着微妙的深棕色条纹。

尖锐的甲壳可能是米图蛛科最好的识别特征，还有它们那巨大的、分为两排弯曲的深色眼睛。后排眼非常圆润，以至于看起来像是三排眼睛。如果没有显微镜，几乎不可能分辨出其中的大多数物种。米图蛛的另一个特征是它们具有快速冲刺和需要时起跳的能力，这虽是许多蜘蛛所共有的能力，但可能做不到像米图蛛那么优雅。

米图蛛通常生活在地面的落叶和杂物中，尽管图中所示的蜘蛛是在花园灌木丛中发现的。

4 跳蛛

严格来讲，跳蛛应与“日间猎手”联系在一起，但由于它们的特质是如此与众不同，再加上跳蛛科是迄今为止最大的科，所以我将对跳蛛的介绍作为本书的特别一章。

跳蛛是最迷人、演化程度最高的蜘蛛科蜘蛛。它们能够吸引人，但也可以加剧蜘蛛恐惧症。的确，这些蜘蛛已经演化出了十分出色的生理特性和行为能力，以至于该科已成为蜘蛛世界中最大的科，迄今已命名超过5000种。除了它们的运动能力之外，某些热带物种还是世界上色彩最鲜艳，看上去最奇特的类群。在东半球的丛林中，瞥见金属红色和蓝色亮泽的跳蛛在一片阳光下如火花般跳跃，是一种难忘的经历。

这些可爱蜘蛛的发现一般伴随着灿烂的阳光。在温暖的夏日里，人们可能会看到它们走路或跳跃。跳蛛的外观都很一致，有两只猫头鹰似的、朝前的大眼睛从方形的头部伸出，还有另外6只较小的眼睛。其敏锐的视力像人类一样主导着它们的感觉世界。它们注视我们的方式令人着迷：头从一侧翻转到另一侧或上下旋转，有时还跟随我们的一举一动而移动。视觉还主导着求爱行为，这涉及它们通常鲜艳的步足和触肢器的挥舞。

跳蛛是狩猎者，它们在草丛中走来走去，同时又从远处发现猎物。一旦锁定了猎物来源，跳蛛就会悄悄地接近，直至能跳到猎物背上的距离。虽然来自其他一些科的蜘蛛也能够近距离起跳，但只有跳蛛能在视线引导下准确地跳到猎物或其他物体上。据说，从狭义上讲，它们的空间灵敏度比大型蜻蜓高出10倍。

◄ 苔藓蝇狮蛛（*Marpissa muscosa*）即将着陆，注意其身后的安全线。

未鉴定的跳蛛，显示出用于视觉感应的、位于前部的眼和明亮的触肢，令人印象深刻。

正是这种敏锐的视力，而不是它们的跳跃能力，才使这些迷人的小动物变得如此特别。其很有特点的大型圆顶形头胸部，具有控制视觉和神经系统的功能。

在节肢动物中，跳蛛科的眼睛在生理上是独特的。它们不仅具有高分辨率、完整立体的彩色视觉，而且还能够通过移动眼睛内部的组件（包括视网膜本身）来调整视角和聚焦！如果凝视着跳蛛的眼睛，可能会很幸运地看到视网膜移动时出现的神秘闪烁或颜色变化。其眼睛的构造就像双筒望远镜，在长管的每个末端都有一个长焦和短焦透镜，在头胸部的后部还有一个分层的视网膜。这种复杂的机制使跳蛛能够定位、跟踪，并跳跃到活动的猎物上。仅凭视觉上的线索，跳蛛就可以区分猎物、掠食者、伴侣和对手。最近的研究甚至表明，它们的大脑可能比其他蜘蛛的大脑先进得多。在其他“聪明的”技能中，它们像狮子一样，几乎具有不可思议的能力，可以在扑向猎物之前看清复杂的路径以获得最佳的制高点。

一些跳蛛跳跃的距离可能是自身长度的 20 倍以上，而这惊人的弹跳力并不直接由肌肉提供动力，而是由液压作用所致。所有的内部器官和步足都具有类似血液的液体，因此当头胸部的一块大肌肉突然扩张时，步足会在液压作用下迅速伸展。很难想象这会导致准确的跳跃，但正如高速摄影所证实的那样，通常情况下的确如此。

在北美已经记录了大约 315 种跳蛛，欧洲则记录了 75 种。

图中的丝显示出苔藓蝇狮蛛（*Marpissa muscosa*）在后一阶段的跳跃情况。请留意安全线。

剧跳蛛（*Salticus scenicus*）

Salticus 来自拉丁语，意为“跳”；*scenicus* 来自拉丁语，意为“演员”

这种迷人的黑白条纹小蜘蛛是大型跳蛛科中最著名的蜘蛛，不仅能在北美大部分地区被找到，而且在英国和北欧也有分布。剧跳蛛几乎可以在足够温暖和阳光充足的任何地方找到，尤其是在房屋和花园周围的墙壁、围栏、盆栽容器和窗台周围。很少有人发现它远离人类的居住区，在阳光照射下的岩石和阳光充足的树干上，以典型的忽动忽停的方式在地表移动。

当太阳的温暖消失时，剧跳蛛也就消失了，躲在适当的缝隙中。在它们经常出现的表面上，常能看到它们活动的证据，即出现纵横交错的网——像许多蜘蛛一样，无论走到哪里，都会留下拖拉蛛丝的痕迹。和所有跳蛛一样，剧跳蛛的眼睛非常敏锐。尽管较小的眼睛可能没有很高的分辨力，但它们确实具有 360 度的视野，可以发现任何变动。一旦检测到某种视觉障碍，蜘蛛就会抬起头并自我定位，以便通过主要的前中眼（前部大灯般的眼睛）详细扫描潜在的猎物。它的目光甚至会盯在微小的猎物上，例如几厘米外的镊子上的蚜虫。

一组雌蛛的照片详细展示了液压驱动的跳跃动作，包括安全丝及其锚定的位置。在第 63 页的图片中，可以看到两根后侧步足屈肌的放松，它们可以提供准备站立的力量。成年雄蛛具有巨大而笨拙的螯肢，可用于精心的求偶表演和雄蛛之间的竞争。

该科中有 4 种类似的种，其中 2 种在英国很少见。

苔藓蝇狮蛛（*Marpissa muscosa*）

Marpissa 来自希腊语，意为“抢占”；*muscosa* 来自拉丁语，意为“苔藓状的”

苔藓蝇狮蛛虽然不常见，但它是英国发现的最大的跳蛛类群，成年雌蛛的长度达到10毫米。它的自然栖息地在石墙和树木的树干周围，尤其是那些暴露在温暖的阳光下的、树皮剥落的树木上。这些可爱的蜘蛛便藏在其中白色的丝囊中。苔藓蝇狮蛛也同样喜欢人造木结构（例如栅栏），尤其是那些树皮剥落或带有裂缝的木材，这可以用来保护它们的卵囊。

苔藓蝇狮蛛伪装得非常好，以至于它待在树皮上时几乎不可能被发现。找到这种蜘蛛的最好方法可能是检查门或篱笆朝南的表面，在阳光下更容易发现它们。但是，请记住要非常缓慢地接近，因为它们超敏感的眼睛会很容易察觉到你的存在，并且蜘蛛会飞奔着躲藏到缝隙中。尽管苔藓蝇狮蛛在北美没有记录，但在那里发现了其他类似的物种。

系列照片清楚地显示了跳跃的动作。注意丝的轨迹，它们在误判的情况下会充当安全丝的角色。

➤ 从上到下，苔藓蝇狮蛛的跳跃顺序。

▼ 侧面眼睛。请注意这个物种扁平状的头部，这有利于适应在缝隙中生活。

这种细长的蝇狮属物种生活在草茎上。

尼沃伊蝇狮（*Marpissa nivoyi*）

Marpissa 来自希腊语，意为“抢占”；*nivoyi* 来自 19 世纪的一位蜘蛛学者的名字 de Nivoy

另一个蝇狮属跳蛛是尼沃伊蝇狮（*M.nivoyi*）。它比苔藓蝇狮更细长，具有类似蚂蚁的外观，并且适合在草茎中的生活。像栅栏蜘蛛一样，它的前侧步足也变粗了。这种蜘蛛在英格兰很少见。它最有可能分布在沿海沙丘，在离内陆较远的沼泽地也有发现。当不沿着滨草的叶片伸展时，它便隐藏在空心丝囊中。它还具有非蜘蛛状的特征，有时能像蝎子一样向后跑。

在北美发现了类似的物种——皮基蝇狮（*Marpissa pikii*），它也偏爱相似的环境。

一只喜爱光照的绿闪蛛（*Heliophanus cupreus*）在跳跃前被拍摄到的瞬间。

绿闪蛛（*Heliophanus cupreus*）

Heliophanus 来自希腊语，意为“太阳”; *cupreus* 来自拉丁语，意为“铜”

由于大多数闪蛛属物种的雌蛛外表具有惊人的色彩搭配，因而跳蛛科的闪蛛属蜘蛛大都可以在野外被轻易地鉴定出来。它们有黑色的身体，步足呈浅黄绿色。但是，雄蛛却不那么令人印象深刻。它们的步足更黑，身体略微呈现虹彩。种名 *cupreus* 指的是这种蜘蛛在明亮的阳光下呈铜色的外观。雌雄两性都在腹部的前缘周围有一条细的白带，在背部表面的每一侧都有白点。顾名思义，闪蛛属蜘蛛像大多数跳蛛科成员一样喜好光照。它可以在低矮的植被中被发现，在烈日下植物顶部附近最活跃。这种蜘蛛可以通过 4 对位于步足上股骨和胫骨两侧的黑色条纹与跳蛛科闪蛛属其他物种区分开。尽管北美地区没有分布，但该物种很常见且分布遍及整个欧洲。

雄性猎蛛属蜘蛛弓拱猎蛛（*Evarcha arcuata*）。

弓拱猎蛛（*Evarcha arcuata*）

Evarcha 来自希腊语；*arcuata* 来自拉丁语，意为“弯曲的”（指蜘蛛的触肢器的形状）

从照片中可以清楚地看出，这种迷人的会跳跃的小蜘蛛在两性之间存在巨大差异。雄蛛为深棕色或黑色，雌蛛为浅褐色，带有 V 字形标志，并被覆着白毛。蜘蛛的求爱过程通常很精彩，跳蛛的求爱过程尤其如此。猎蛛属的蜘蛛非常有活力，会频繁地挥舞着触肢器和前侧步足。交配后，雌蛛将卵产在卷起的叶子中，或者像弓巾夜蛾一样，将卵产在用丝绑在一起的石楠丛中，并守卫在那里，直到卵孵化出来。仲夏时节是性成熟的时候，找到它们的最佳地点是英格兰南部的石楠丛生地。在这些盐沼里，它们有时很常见。

这种蜘蛛在整个欧洲很普遍，但在北美没有，那里有其他几种猎蛛属物种。

◂ 雌蛛与其捕获的蠼螋。

◀ ▲ 试图捕捉蚊子的绯蛛（*Phlegra*），图中展示了它的跳跃过程。

带绯蛛（*Phlegra fasciata*）

Phlegra 来自古马其顿的一个城市的名字；*fasciata* 来自拉丁语，意为“条带”

在沿海和蚁丘周围低矮的植被中，居住着这种小巧的深色和浅棕色条纹跳跃蜘蛛。除非它产生移动，否则很难被发现。雄蛛的腹部比雌蛛的光滑，且有许多柔和的斑点。这组照片显示了一只未成年的雌蛛冲着蚊子跳了过去（蚊子实际上设法逃脱了）。显然，蜘蛛会毫不犹豫地进攻比自己更大的猎物，蚊子对它并不构成很大的威胁。

绯蛛很少见，并且已经在欧洲和北美本地化了。在英格兰，仅在南部的少数海岸线上的盐渍地里才能发现它们。

雄性绿狂跳蛛的脸。

绿狂跳蛛（*Lyssomanes viridis*）

Lyssomanes 来自希腊语，意为“狂怒”，指蜘蛛的狂躁活动；*viridis* 来自拉丁语，意为“绿色”

这种来自美国南部的怪异、活泼、半透明的绿色跳蛛看起来根本不像跳蛛科蜘蛛，倒更像是猫蛛。雌雄两性都有长步足和触肢，而且非常活跃。雄蛛前正中眼很特别，使得它看起来很帅气。这些眼看起来像在眼窝里旋转，但是只有由 6 对肌肉控制的视网膜才在完全清晰的前透镜后面移动。令人难以置信的是，它还具有独立移动每只眼睛的能力，就像变色龙那样。

绿狂跳蛛可以生活在所有类型的林地中，尤其是阔叶常绿植物，例如活橡树和木兰上。

许多跳蛛模仿蚂蚁，包括在此看到的蚁蛛属蜘蛛。

乔氏蚁蛛（*Myrmarachne formicaria*）

Myrmarachne 来自希腊语，意为“蚂蚁状蜘蛛”；*formicaria* 来自拉丁文，意为“蚂蚁”

拟蚂蚁蜘蛛是来自跳蛛科的蚁蛛属蜘蛛。它们是如此与众不同，不仅看起来像蚂蚁，而且还像蚂蚁一样移动。它们的步足长而纤细，似乎具有昆虫的头、胸、腹 3 个部分，前侧步足通常像一对触角一样在空中扬起并挥舞，使得它们更具迷惑性。该物种的头部也具有黑色的金属光泽，而且颌骨，特别是雄蛛的颌骨，扩张得很明显，向前突出，使蜘蛛看起来像热带地区的行军蚁。模仿是如此完美，以至于很难想象这动物并不是蚂蚁。

一些科学家认为，这些蜘蛛通过看起来像蚂蚁的方式来欺骗蚂蚁，以便更好地捕食它们。一个更合理的解释是，通过模仿蚂蚁的外表和狂躁动作，仿蚂蚁蜘蛛会获得保护。鸟类、搜寻蜘蛛的黄蜂和其他蜘蛛捕食者通常不吃蚂蚁，毕竟蚂蚁在受到攻击时可能会咬、刺或分泌甲酸。

由于该属主要分布在热带地区，因此在欧洲仅发现一种物种。在英格兰，这种属很少见，并且在南部和东部局部地区有分布。它生活在低矮植被和石头之间阳光充足的地方。

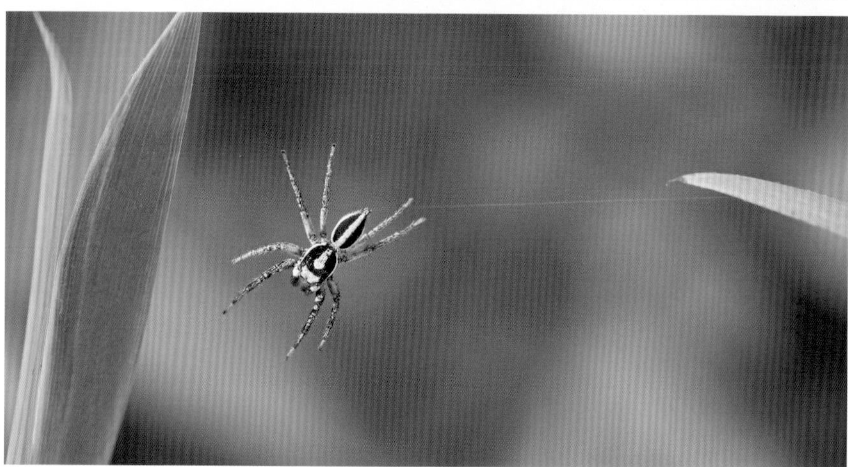

跳蛛的眼睛对轻微的动作都很警惕。

黑色蝇虎（*Plexippus paykuli*）

Plexippus 来自希腊语，意为“驾驭马匹”

生活在世界较温暖地区的许多人肯定很熟悉这种灵巧、活跃的跳蛛。黑色蝇虎不仅生活在世界上大多数温暖的地区，而且更喜欢居住在容易被注意到的房屋和其他人造建筑周围。它的显眼之处在于它的大小——雌蛛有 10~12 毫米长，对于跳蛛来说，这已经很大了，同时它的整个身体还遍布独特的白色条带。

黑色蝇虎被引入北美，但分布仅限于温暖的南部各州。不幸的是，尽管它在地中海地区生活良好，在北欧却不存在。该物种极具竞争意识，有时会独占建筑（如旧墙甚至加油站），该物种往往会排斥所有其他种类的跳蛛。

◄ 黑色蝇虎头部冲下，落下来。跳蛛完全能够从任何位置跳跃——该蜘蛛在着陆之前已经旋转了 180 度。

5 伏击者和潜伏者

在提到捕猎者和伏击者时，本书中对于蜘蛛类别的划分并不总是很严格。我们会看到，许多所谓的捕猎者也经常采取伏击的策略，在瞬间发起攻击或追逐猎物。同样的道理，我们可以将这些静观其变的捕食者分为两种。第一种会坐在网上或待在靠近网的地方，潜伏在附近的树叶丛中或有网的穴中等待猎物。这样的网对于捕获或检测猎物起着至关重要的作用。第二种捕食者根本不依赖于网，而只是保持静止不动，与背景相融合，直到某个毫无戒心的生物进入它们的狩猎范围。

蟹蛛科蜘蛛被称为蟹蛛或者伏击蜘蛛，是善于伏击的大师。它们不依赖于网，而是使用欺骗和伪装的技巧狩猎。这是因为它们善于将自己完美地隐藏在花瓣和花蕊之间，在那里它们可以静待猎物上钩。一些蟹蛛能够改变体表的颜色，以适应周围花或叶的黄色、粉红色、白色或绿色背景。某些物种，特别是热带物种，还能够模仿树皮甚至鸟粪的颜色。

这里包括的另一类群是逍遥蛛科的所谓“奔跑型蟹蛛”或“小型猎手蜘蛛”，它们与蟹蛛密切相关（一些专家将它们与蟹蛛科放在一个科里）。它们也能够伪装，保持静止不动，并且像典型的蟹蛛一样抓捕猎物。但是，顾名思义，逍遥蛛通常更加活跃，能够非常迅速地奔跑以追捕猎物或逃避捕食者。这种类型的常见物种是异逍遥蛛（*Philodromus dispar*），它使用同等的技巧追赶猎物或伏击等待。

◄ 在交配之前的雌雄满蟹蛛（*Thomisius onustus*）。

雌性蟹蛛（梢蛛属蜘蛛）。

在包括北美洲在内的世界上较温暖的地区，有来自巨蟹蛛科的更大、更可怕的猎手或大蟹蛛。在欧洲，这个科只有一个代表，那是一个较小的且相对稀有的物种，即微绿小遁蛛（*Micrommata virescens*）。

伏击者和潜伏者

真正的蟹蛛科的蟹蛛，有矮矮胖胖的身材、两对看起来萎缩的后侧步足。相比之下，两对前侧步足更长且更坚固，用于捕捉离得很近的昆虫。与看起来强壮的雌蛛相比，雄蛛是苗条的小体型生物。蟹蛛天生嗜睡，但与其他科的蜘蛛不同，它们能够像螃蟹一样向任意方向移动。在受到惊吓时，可能会看到它们向后或斜后方躲到花朵或叶子的后面。

蟹蛛有各种各样的形态和颜色，但大多数是蟹状的，即圆形的头胸部和矮胖的下腹部。它们的两对前侧步足向内弯曲，并且比后侧步足更长。它们从不为捕获猎物而建网，宁愿一动不动地躺在花朵或叶子上等待猎物来访，然后用分开的前侧步足抓住猎物。尽管蟹蛛科的螯肢较小，但它们产生的毒液似乎具有很高的毒性，因为它们可以毫不费力地迅速杀死大型昆虫，例如蝴蝶和大黄蜂。北美有130种，而北欧只有62种。

虽然蟹蛛科蜘蛛看起来像螃蟹，但逍遥蛛科的奔跑型蟹蛛通常具有更长、更椭圆的腹部。它们的步足更长、更细，后侧步足几乎和前侧步足一样长，并且动作灵活得多。此外，为了帮助这些活泼的蜘蛛在植物间爬升并快速转移位置，它们的脚底上还长有帚状毛。北美大约有96种，而北欧有62种。

巨蟹蛛科，即猎人蜘蛛（有时称为香蕉蜘蛛），是体型从中等到特大的游猎蜘蛛。它们大多分布在热带地区，依靠伏击来捕食猎物。许多物种像螃蟹一样扁平，可有助于爬行通过狭窄的缝隙。它们经常随着运输香蕉的货车被带到不同地区。一些物种生活在房屋中，经常受到人类的欢迎，因为它们以蟑螂等家庭害虫为食。北美有10种，而北欧只有1种。

等待捕食的弓足梢蛛（*Misumena vatia*）。

弓足梢蛛（*Misumena vatia*）

Misumena 来自希腊文，意为“讨厌或愤怒”; *vatia* 来自拉丁语，意为“弯脚的”

弓足梢蛛是在北美和欧洲都有分布的蟹蛛科最著名的成员，在北美被称为金毛蟹蛛。它的体色可以在白色、黄色、绿色或偶有的蓝色间变换，有时它还会显示淡红色的斑点或条纹，这取决于它们停留在哪种花上。如果梢蛛从一种花移到另一种颜色的花，它就能改变体色以适应新的环境。这种蜘蛛最常在白色或黄色花朵上被找到，它最喜欢的是牛眼菊。它们在那里等待前来寻找花蜜或花粉的昆虫。

当昆虫接近时，梢蛛会打开两对前侧步足，并将身体与即将到来的猎物巧妙地对齐。一旦充分闭合双条步足，它就可以紧紧抓住猎物，然后立即进行刺吸。有时，如果由于某种原因咬伤处的毒素发挥的作用很缓慢，蜘蛛会在大型蝴蝶或大黄蜂等受害者的背上被带着飞走。但是，这样的旅行是短暂的——随着毒液的蔓延，蜘蛛和猎物都会掉到地上。

找到喜欢花朵的蟹蛛的一种方法是，留意头顶上不动的蝴蝶或蜜蜂。这只不幸的昆虫可能被蟹蛛抓到了那里。

这两个相同的蟹蛛物种（*Xysticus cristatus*）的图片反映了它们对栖息地的选择。

冠花蟹蛛（*Xysticus cristatus*）

Xysticus 来自希腊语，意为“刮板”；*cristatus* 来自拉丁语，意为“簇状的”或“有顶饰的”

如这两张照片所示，许多蟹蛛有很高的多样性，尤其是冠花蟹蛛。该物种生活在低植被、地面、石楠丛或树篱等各种各样的栖息环境中。此处显示的有醒目花纹的蟹蛛是生活在苏塞克斯沙丘上的，而右图是在开阔森林地区低矮的植物中发现的一只捕食苍蝇的蟹蛛。冠花蟹蛛是在整个英国和北欧分布最广的种类。

榆树花蟹蛛，前侧步足伸展着在攀爬植物。

榆树花蟹蛛（*Xysticus ulmi*）

Xysticus 来自希腊语，意为“刮板”；*ulmi* 来自拉丁语，意为“榆树”

榆树花蟹蛛是与冠花蟹蛛类似的另一种蟹蛛，但其栖息地分布不太广，它更喜欢生活在阴暗潮湿的低矮植被中。它也分布在英国和北欧，在美国被类似物种所取代。

花蟹蛛最令人惊讶的是它们的求偶和交配行为。确实，它们的技艺如此奇异，以至于其在20世纪中叶首次被观察到时，许多专家怀疑这种行为的可行性。步足小而长的雄蛛在与异性接触的初始阶段，会用两条步足轻轻抚摸雌蛛，以表达顺从的态度。这是雄蛛讨好伴侣的典型方式。完成此阶段后，它用丝将雌蛛的头和步足绑在雌蛛休息的地方。现在，它可以自由地抬起腹部，在下面爬行和交配，这个过程可能长达90分钟。一旦完成了交配，雌蛛便会摆脱之前的束缚。

羽蛛。蟹蛛的猎物通常比其自身的体积大。

羽蛛（*Oxyptila*）

Oxyptila 来自希腊语，意为“尖锐的羽绒”，可能指的是蜘蛛的刺毛

蟹蛛科中其他常见的蟹蛛多为羽蛛属的蜘蛛。它们与花蟹蛛属蜘蛛相似，但往往有更圆的腹部和大理石般的花纹。像花蟹蛛属一样，许多物种在种内的体色和花纹都表现出很大的差异。羽蛛特别矮小，并且长得像蟾蜍。欧洲和美国都有几种物种。

在白天的地面上可以发现羽蛛，特别是在植被的根部或根部深处。由于它们体表为棕色、移动非常缓慢，所以很容易被忽视。而且，像许多蜘蛛一样，它们经常会跷起步足并保持几分钟不动来装死。到了晚上，它们可能会爬上植被，借助手电筒可以找到它们。据报道，无论是白天还是黑夜，它们会都进食。

背狩蛛生活在树木和灌木丛的叶子之间。

背狩蛛（*Diaea dorsata*）

Diaea 来自希腊语，意为“春季”；dorsata 来自拉丁语，意为“背部”

鲜亮的绿色步足和头胸部，以及边缘为黄色、叶子状的棕色腹部，使这种迷人的中型蜘蛛能很容易地被辨认出来。像许多蟹蛛一样，背狩蛛的伪装精美，在叶子和灌木丛中，尤其是在橡树的叶子间潜伏时，很难被发现。单个物种中的不同个体，其体色和外观可能随背景色的变化而具有很大差异。据说有些物种能够逐渐改变体色以匹配周围叶子或花朵的颜色。前侧步足上的刺有助于捕获昆虫，这是蟹蛛的典型特征。

这种蜘蛛在欧洲尤其南部很普遍。在英格兰，它主要分布在南部地区。

交配的满蟹蛛背面图。请注意，两性的大小存在巨大的差异。
◄ 满蟹蛛头部特写。

满蟹蛛（*Thomisus onustus*）

Thomisus 源自希腊语 thomis，意为“叮”; *onustus* 源自拉丁语，意为“充满的”

北欧蟹蛛中最出色的是满蟹蛛。尽管它在欧洲广泛分布，但在英格兰只发现了少数个体，并且只限于中南部的某些荒野之中。

它的腹部呈粉红色，腹部有两个圆锥形的凸起，这使该物种的雌蛛很难与任何其他物种混淆。雄蛛颜色较暗，与许多其他蟹蛛科蜘蛛一样，显得比雌蛛更小，这种差异在交配过程中是很明显的。像梢蛛一样，这种蟹蛛也可以调整体色，使自身的颜色与花朵颜色匹配。

满蟹蛛生活在成熟的石楠丛中，并在那里等待猎物。在接近昆虫时，它悄悄地调整体位，让对方无法察觉。当潜在的猎物低头寻找花蜜时，就会很快被满蟹蛛抓住。这种蜘蛛通常会抓住比自己大得多的昆虫，例如蜜蜂甚至大黄蜂。

雌性异逍遥蛛。

异逍遥蛛（*Philodromus dispar*）

Philodromus 来自希腊语，意为“热爱赛跑”；*dispar* 来自拉丁语，意为“不同”

雄性异逍遥蛛是一个看起来特别好看的家伙，它的身体颜色整体呈巧克力棕色、甚至黑色，与体周明显的奶油色侧线和浅灰色的步足形成鲜明的对比。雌蛛完全像另一个物种，具有更大的身体和整体褐色的外观。当通过放大镜观察时，它变得更具吸引力。这种性二态性反映在它学名中的种加词 *dispar*（不同）中。

这种逍遥蛛在英国和欧洲广泛分布，在北美也有发现。它们经常在灌木丛和低矮的植被上潜伏，在那里它们会以闪电般的速度做好追捕猎物的准备。当受到严重威胁时，与许多其他物种一样，这种蜘蛛会将步足缩向身体，躺在地上装死（下图）。异逍遥蛛经常会趁机进入房屋中，那里它们似乎可以生活得更好。

◀ 雄性异逍遥蛛。
▶ 异逍遥蛛在装死。

雄性和雌性虚逍遥蛛。

虚逍遥蛛（*Philodromus fallax*）

Philodromus 来自希腊语，意为“热爱赛跑”；*fallax* 源自拉丁语，意为“欺骗性”

逍遥蛛科的大多数奔跑蟹蛛都会在灌木和树木中活跃地爬来爬去，但是这种出色的物种——虚逍遥蛛却是一个例外。它一生都在沙丘上奔波，潜伏在丛生的草丛中，通过体表黄灰色的斑点与周围环境融为一体。这种蜘蛛的颜色深浅能够发生变化，以适应沙地栖息地的颜色和色调。

虚逍遥蛛分布在沿海地区，有时分布在英格兰和北欧的沙质河岸上，但在美国却没有。这类蜘蛛在欧洲南方的分布尤其广泛。在英格兰地区，它是局部分布的，主要在南部。

背侧和腹侧的视图显示了这种活跃的蜘蛛所具有的出色伪装和隐秘姿势。

短胸长逍遥蛛（*Tibellus oblongus*）

Tibellus 来自拉丁语，意为“长笛形”；*oblongus* 源自拉丁语 oblong，意为“长方形”

这种长而灵巧的蟹蛛具有令人印象深刻的狩猎策略。长逍遥蛛生活在潮湿的草地上，沙丘和湿地荒原的长草中，它们面朝下地待在草茎或石楠小树枝上，等待一些毫无戒心的猎物露面。蜘蛛的稻草色身体和伸出的步足使它与周围草丛的棕色和绿色色调完美融合。

只要有合适的生物进入猎杀范围，蜘蛛就会以惊人的速度扑向猎物，并且基本不会失手。如果遇到捕猎的机会，它甚至会与其他蜘蛛竞争，以难以超越的速度穿过草叶丛林。

这种蜘蛛是生活在初夏时节的常见物种。它广泛分布于英国和北欧，在北美的某些地区也有分布。

雌性微绿小遁蛛与猎物。

微绿小遁蛛（*Micrommata virescens*）

Micrommata 来自希腊语，意为“小眼睛的”；*virescens* 来自拉丁语，意为“变绿”

这种来自巨蟹蛛科的蜘蛛体表为鲜艳绚丽的绿色，它是我的最爱，也是我在一两年前第一次发现的蜘蛛。与许多蜘蛛一样，它的两性之间也表现出明显的性二态性——雄蛛和雌蛛看起来非常不同，并且在这种情况下，两者同样引人注目。雌蛛总体呈鲜绿色，有黄色心形花纹，而较小的雄蛛腹部则呈淡黄色，并带有红色粗线。幼蛛是干草色的，但是无论年龄多大，它们都很难在草丛中被发现。

微绿小遁蛛还有其他特征。与前面的长逍遥蛛一样，它能以闪电般的速度移动，似乎能够在几分之一秒内飞上或飞下沼地草丛。尽管这种能力可以追逐任何潜在的猎物，但作为一位敏捷的猎人，它其实更擅长伏击。它常常隐藏在高草丛中，等待不幸的蚱蜢或其他昆虫进入狩猎范围。

在 7 月前后检查生长在草丛中的橡树树苗，这可能是寻找微绿小遁蛛的最简单方法。此时雌蛛将几片叶子固定在一起，形成一个丝线搭造的小室，用来保护自己的卵。

尽管该物种并不常见，但它遍布欧洲大部分地区，经常在空旷荒地、潮湿的林地栖息。它与异逍遥蛛密切相关，是在北欧发现的巨蟹蛛科蜘蛛的唯一代表，但它不在北美分布。

➤ 在长草中伪装的雄性微绿小遁蛛。

6 陷阱狩猎者：有序的网

每当我们想到蜘蛛时，就会想到蛛网。它是蜘蛛的象征，代表了其在设计和建造方面的成就巅峰。经过演化，蛛网能以最少的丝，织出最大捕猎面积的网。而且更值得注意的是，蜘蛛在不到一个小时的时间内就织成了这张网，却只有约 10%的蜘蛛通过蛛网或蛛网的一部分捕食猎物。每个网在设计上都会表现出细微的差异：螺旋线的大小、方向、数量和分布，以及装饰都可能会有变化。这种差异为识别蜘蛛提供了非常有用的线索。

这些复杂的设计当然不是后天学会的，而是受到严格的遗传控制的——孵化后不久，圆网蜘蛛就会编织出完美的蛛网，而在蜘蛛的整个生命周期中，网的形态基本保持不变，仅有的差异在于为适应蜘蛛体型和连接点位置而表现出的不同。大多数网状物垂直悬挂，但有些会呈 45 度角，或者很有技巧地定位在水平面上，这具体取决于它们要捕获的猎物类型。

除非有湿气凝结在细线上，或者有低角度的阳光从背后将它们照亮，否则通常人们不会注意到蛛网。的确，一个满载露水的初秋早晨是欣赏完美蛛网的最佳时间。在这种情况下，几乎每一根树篱的枝杈和草甸的叶子上都会有大量的多种多样的蛛网。这是令人叹为观止的，也提醒了我们在世界上有大量的蜘蛛存在——这是在这样的日子里早起的一个很好的理由。

大约在 3.5 亿年前，一旦昆虫学会了飞行，它就有了躲避敌人的巨大优势。许多蜘蛛因此别无选择，只能寻找诱捕飞行中猎物的方法。因此，经历了亿万年的演化，蜘蛛织造出了完美的蛛网，这是一种能够高效捕获飞虫的装置。毫无疑问，这比发展翅膀本身要简单得多。

◄ 秋天早晨的蛛网。

在后爪的帮助下，蛛丝从纺器中被挤了出来。

网本身由已知的最强韧的物质之一制成。尽管蜘蛛丝的直径只有几微米，但它可以拉伸到自身长度的许多倍，直到最终被拉断。这样，网被快速飞行的昆虫穿透的风险就会降到最低。网结构的进一步改进减少了“反弹力”，因此猎物不会从网中被再次弹出。昆虫的活动主要受6根放射状辐条限制，这些辐条为蛛网恢复原始状态提供了大部分的力。最近，人们发现这些辐条在其径向上的黏性节点处具有微小的环状结构。它们充当了弹簧的作用，有助于稳定网，限制猎物撞击网时产生的弹力。还有一些微小的风阻动力装置也在起作用，这可以帮助网迅速返回其原始位置。

不同的物种会根据自己喜欢的猎物来安置蛛网。蛛网的高度、角度和栖息地的类型，对于是否能为蜘蛛提供尽可能多的食物都起着至关重要的作用。例如，位于近水处的蛛网便于捕获诸如蚊子或蠓虫之类的昆虫；位于开阔草地上的蛛网会向下倾斜，以便捕捉跳跃的蚱蜢或叶蝉；而那些悬挂在灌木和树木之间的蛛网，则有助于捕捉较大的飞行中的昆虫，例如蝴蝶和飞蛾。

只有3个蜘蛛科的蜘蛛会制造圆网。最常见的圆网蜘蛛是园蛛科蜘蛛。建造圆网的另外两个科的蜘蛛分别来自肖蛸科以及妩蛛科。值得一提的是，一些蜘蛛制作的网完全不以球形为基本格局——丘腹蛛属是一个著名的例子。该属属于球蛛科，即“脚手架网蜘蛛”，其特征在于构建的网具有遍及各个方向的线。丘腹蛛制作的H形的网要简单得多，两条底线连接到地面，整个网由蜘蛛固定在一起（请参阅第133页）。

编织有序网的蜘蛛

大多数建造圆网的蜘蛛都属于园蛛科，它们的网状结构会因物种而异。与其他圆网状蜘蛛网相比，大多数园蛛科蜘蛛的网很大，几乎都具有封闭的轮轴，并且大多数蛛网是垂直地面旋转的。日间活动的蜘蛛会在早上分解和吃掉自己的网，然后把它们重新制作成白天使用的网，而夜间活动的蜘蛛则会在晚上重新制作它们的网。

许多圆网蜘蛛的体色彩艳丽，带有绿色、黄色和红色的图案，而另一些则为褐色。大多数蜘蛛的腿短而多刺，这有助于将它们与其他科蜘蛛区分。由于视力仅在日常生活中起着次要作用，因此园蛛的眼睛很小。它们的触觉，尤其是与网接触带来的感觉为它们提供了所需的有关外界的大多数信息。它们的体型大小为 1.5~30 毫米。园蛛科是一个大科，在美国发现了 160 种，在北欧发现了 50 种。

肖蛸属蜘蛛与园蛛关系密切，但是大多数物种的身体很长，并不是圆形的，有时体长甚至是其宽度的两三倍。许多种类的螯肢都变大了，特别是对于雄蛛而言。

肖蛸属蜘蛛具有开放的轮轴网，通常呈一定角度或水平放置。与此不同的是，络新妇属蜘蛛制作垂直于地面的亮黄色网，而后蛛属蜘蛛通常将网建在黑暗的地方。粗螯蛛属的物种仅在其生命的早期阶段构建网，后来随着个体不断成熟而成为游猎者。当不在网中时，许多物种会一动不动地躺着，以一种独特的方式沿着茎干伸展，很难被发现。这个科在北美有大约 40 种，在北欧有 16 种。

妩蛛科蜘蛛是无毒或结筛状网的蜘蛛，它们有两个独特之处。第一，它们没有毒腺。第二，该科中不同属的蜘蛛所建立的网完全不同。有些属的蜘蛛会制作完整的球网，另一些属的蜘蛛仅制作圆网的三角形部分，在某些情况下，甚至仅使用几行丝线。而且，与园蛛科不同的是，它们使用的不是有黏性的丝，而是用精细的筛状丝围成捕猎区域。

这种蜘蛛本身通常很小，并且有着不寻常的外观，通常具有团块或羽毛状的毛簇。它们很容易被误认为是树枝或枯叶碎片。全世界有 240 种，其中 16 种分布在北美，而 3 种分布在北欧。妩蛛科的学名源自希腊语中的“致命”，似乎非常不合适，因为妩蛛科蜘蛛是唯一没有毒液的蜘蛛！

棒毛络新妇的蛛网上具有金色的丝。

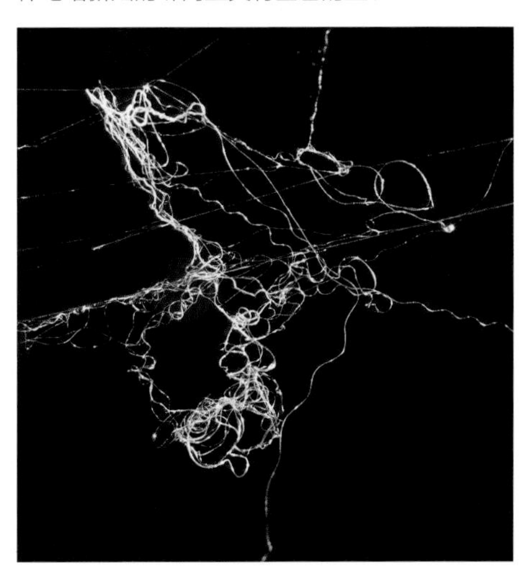

食蚜蝇在撞击十字园蛛网之前，被拍到的瞬间。

十字园蛛（*Araneus diadematus*）

***Araneus* 来自拉丁语，意为“蜘蛛”；*diadematus* 来自拉丁语，意为“带有冠或王冠”，指腹部的十字图案**

在花园中随处可见的十字园蛛是所有蜘蛛中最著名的，尽管它们并不是花园中最常见的蜘蛛。在中世纪，腹部的白色十字架使这种大型园蛛变成一种受宗教崇拜的生物，成了具有代表性的蜘蛛。十字园蛛有时出现在城镇和郊区的花园中。在灌木丛中或在诸如窗框之类的人造物体上，它们也极为常见。它们个头较大，通常倾向于待在自己的大型球网中间，因此很容易被注意到。然而，在包括石楠荒地、树林、山坡和悬崖的几乎所有栖息地都可以找到这种物种。在美国东部也可以找到它。

最常见的是雌蛛，它们常头部向下停留在球网中央。它比雄蛛大得多，尤其是在秋天，那时它的球形腹部明显变大，最多可容纳约 900 个卵。

十字园蛛的圆网是一种典型的昆虫诱捕器，旨在捕捉飞来飞去的、忽视无形陷阱的昆虫。通常，建立在接近垂直平面上的这些网比普通蜘蛛的网要大，半径 25~35 厘米，并具有紧密排列的螺旋线。轮轴的中心由网状线组成，网线周围环绕着一个小螺旋，在主螺旋开始编织之前，这是一个空白区域。正是由于这些主螺旋的径向

在秋天，十字园蛛在城市花园和城镇中很常见。

丝线具有黏性的液滴，才得以捕获飞行中的昆虫。蜘蛛要么坐在轮轴的中心，伸出 8 条步足，每条步足都与一条径向线接触；要么躲在落有叶子的角落里，抓住一条连接到轮轴中心的粗线。只要一只在网中挣扎的昆虫有轻微的动作，其确切位置就会被发现，然后蜘蛛立刻做出反应，咬住受害者，将其包裹起来作为一顿美餐。

通过观察这种大蜘蛛，可以清楚地看到蜘蛛如何自如地、无拘无束地绕网移动。这种惊人的能力可以通过多种方式来实现。首先，它倾向于朝外坐着，身体不挨着黏性螺旋网。因此，如果网略微转到垂直方向，它就会沉入底部。它也会通过小小的爪部抓住干燥的径向线四处走动，因为只有螺旋线很黏。圆网编织者有特殊的跗骨，带有额外的第三只爪子和与之相对的锯齿状毛，两者可以共同将丝抓住。通过以一定角度扭转两条步足，可以将线拉紧，将网牢牢固定在适当的位置。同时，它的步足上还有一层油性覆盖物，可进一步防止缠结、黏附。

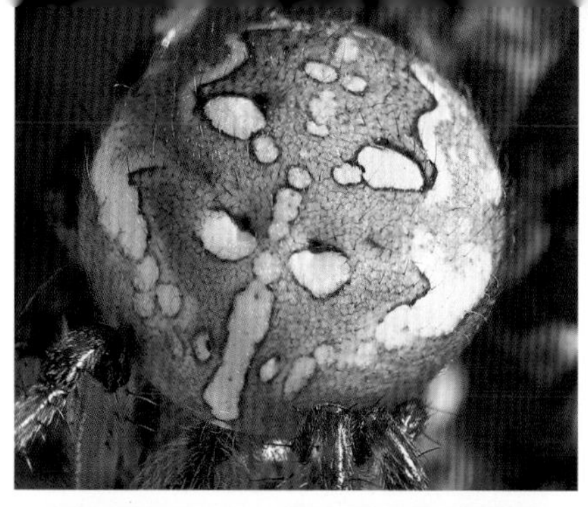
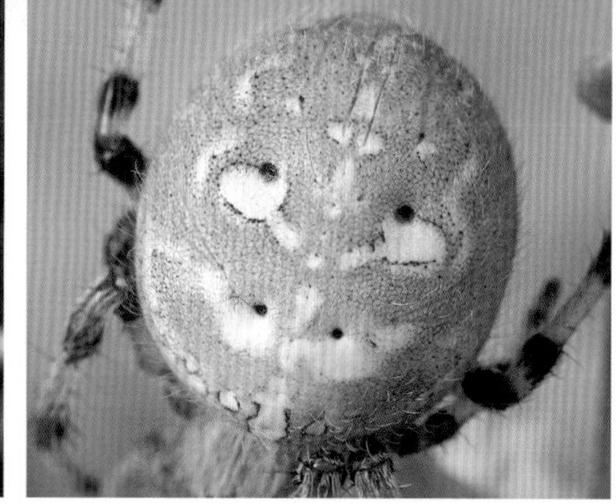

方园蛛的 4 种颜色变化。

方园蛛（*Araneus quadratus*）

Araneus 来自拉丁语，意为“蜘蛛”；*quadratus* 来自拉丁语，意为“正方形”

方园蛛以及横纹金蛛（*Argiope bruennichi*）是北欧最大的园蛛。一个腹部装满卵的雌蛛通常长达 15 毫米。雄蛛像许多蜘蛛一样，比雌蛛小得多。方园蛛是唯一可能与十字园蛛混淆的蜘蛛，但从两者的背部特征来看，圆形的腹部以及 4 个明显的白色斑点应有助于将其与十字园蛛分开。它也是最吸引人的物种之一，其体色的变化从锈红色、深棕色到浅绿色不等。

方园蛛在整个欧洲都很常见。它生活在石楠、高草丛和低矮的灌木丛（如金雀花）中，并在离地面 1~1.50 米的地方编织一个直径约 40 厘米的大型圆网。一天中的大部分时间，它都隐藏在大量的与坚韧的丝结合在一起的植物之中。

对于那些深入乡村丛林的人来说，方园蛛（以及与其密切相关的十字园蛛）的卵是他们熟悉的春天景象。孵化后的几天内，它们会维持原样。如果没有被狂热的观察者的阴影或温暖的呼吸所打扰，它们通常不会试图走开或进食。只有在发生危险时，这些小蜘蛛才会立即向各个方向散开。危险过去后，它们又将逐渐会合成一个紧密的金球。在之后的几天里，这个球会不断膨胀，直到小蜘蛛游走四方，寻找猎物。

➤ 一团刚孵出的小蜘蛛。

有着“大理石”花纹的花岗园蛛。

花岗园蛛（*Araneus marmoreus*）

Araneus 来自拉丁语，意为“蜘蛛”；*marmoreus* 来自拉丁语，意为“像大理石”

另一种大型圆网蛛是惊人的花岗园蛛。与之前介绍的物种相比，这种蜘蛛远没有那么常见，尽管在整个欧洲都有分布，但它主要分布在英国。花岗园蛛有两种不同的体色。如图所示，较英俊的一种在腹部的后部带有醒目的棕色标记，且更为常见。另一种的体色与之差异很大，有点像褪色的方园蛛，以致很容易将两者误认为是不同的物种。

不管它们有多么不寻常，我的家乡英国苏塞克斯郡的阿丁利地区似乎是它们的总部。在夏末和秋季，我经常在花园和当地的树林附近碰到这些蜘蛛。1958 年，W.S. 布里斯托在其经典著作《蜘蛛世界》中指出，他在阿丁利地区发现了 160 多个标本。不久以前，我甚至在卧室里遇到过一次花岗园蛛。当时一只大个头的雌蛛不知怎么跑到了我的衬衫里，在我的手臂上咬了一小口，提醒我如果它们受到严重挑衅，一些较大的蜘蛛是会进行报复的。

花岗园蛛在荆棘、高草丛以及灌木和树木下部的树枝周围建立大型球网，自己则藏在被丝线包裹卷曲了的叶子下。找到这种隐藏在暗处的蜘蛛的最好方法是，首先寻找到一个球网，然后沿着信号线找到它附近的隐匿处。

◄ 有着“金字塔形”花纹的花岗园蛛。

灌木园蛛用枯叶制成的圆锥形庇护所；镜头朝上，正冲着庇护所里的蜘蛛。

灌木园蛛（*Araneus alsine*）

Araneus 来自拉丁语，意为“蜘蛛”；*alsine* 来自希腊语 alsos，意为“木头、灌木丛”

与大多数蜘蛛一样，灌木园蛛没有正式的英文名，尽管曾有人建议使用草莓蜘蛛（strawberry spider）这个词，以形象地体现出它类似成熟草莓的外观。它的腹部色彩从奶油色、浅橙色到深红紫色不等，使其几乎不可能与其他物种混淆。

尽管灌木园蛛外观鲜亮，但只有少数幸运的人能看到它。我花了好几个小时几乎翻遍了所有它喜爱的栖息地，最后才看见了这只闪亮的红蜘蛛。这些照片是在崎岖不平的沟渠中拍摄的，那是个难忘的时刻。

灌木园蛛不仅非常稀有，而且分布的地域具有局限性。雌蛛通常在潮湿的荒地、沼泽的阴影中生存，并且总是蜷缩在圆锥形卷曲的叶子里，这使它很难被发现。因此，要想找到它，你必须抬头仰望圆锥形的叶子或用镜子作为辅助工具。找到这种蜘蛛的最好方法，首先是找到其已知的栖息地，然后就是检查每个倒置的圆锥形卷曲的叶子——如果你有足够的耐心！北美没有灌木园蛛。

它们的网建在较低的位置，约有 5 个加强螺旋，并且在信号线附近相对稀疏，类似于丽楚蛛（*Zygiella x-notata*）。

➤ 少见的灌木园蛛跑到一根草茎上。

雷氏柔蛛的 4 种体色。

雷氏柔蛛（*Agalenatea redii*）

Agalenatea 来自希腊语，意为“慢慢地”；*redii* 可能来自希腊语

识别蜘蛛往往并不容易。这些照片清楚地表明，即使是同一物种，蜘蛛的颜色和其他形态特征也可能表现出很大的差异。种内外观具有显著差异，这是圆网蛛科蜘蛛的典型特征。这些蜘蛛常静止不动，所以这可能是逃避掠食者和搜索锁定猎物的一种策略。像世界上许多园蛛科物种一样，柔蛛的腹部也有叶片状的图案。柔蛛在一天中的大部分时间都待在石楠、金雀花或类似植物的枯叶或棕色种子附近。这种伪装是如此之好，以致捕食者很难发现它们。柔蛛的圆网在中心部位的网格很密集，它们往往会在丝网的边缘等待猎物。

尽管这种中等大小的蜘蛛可能不是令人印象最深刻的蜘蛛，但它却是该属在欧洲的唯一成员，并且在北美洲已经绝迹。尽管在北欧的分布受到限制，但总体来说还是比较广的。

◂ 雷氏柔蛛隐匿在金雀花中。

角类肥蛛喜欢生活在水域附近。

角类肥蛛（*Larinioides cornutus*）

Larinioides 来自单词 Larino；*cornutus* 来自拉丁语，意为“有角的”

接下来的这两种圆网蛛曾经一起被包括在园蛛属中，但由于其生殖器官在结构上的差异，现在已经被归到类肥蛛属名下。

专家可以通过仔细观察触肢器和外雌器，将角类肥蛛和硬类肥蛛（右页图）分开。但是，人们也可以通过某些更普通的特征来识别它们——栖息地就是其中之一。角类肥蛛的栖息地总是离水边很近，比如水边的芦苇、高草丛和其他植被，在那里它可以捕捉蜻蜓、豆娘。通过体色来识别蜘蛛通常是不可靠的，因为该物种很容易出现变异。而且成虫的大小也有所不同：犁沟蜘蛛有 5~9 毫米长，比近亲硬类肥蛛要小。这种蜘蛛也很少在网中停留，它们总是喜欢躲在位于植物顶部的丝囊中。像许多蜘蛛一样，它是夜行性的，通常在天黑后就开始建网。在夜间，它会停留在网上，但到了白天，就会退到庇护所中。

一旦遇到危险，角类肥蛛就会扔下庇护所，迅速掉到地面上，在落叶中消失，有时甚至会通过植物的茎部爬入水中。蜘蛛可以在水中待一分钟左右，然后再回到安全线上。其他蜘蛛有时也会表现出相同的行为。我曾见过花岗园蛛在逃跑时的行为，当网碰巧悬在水面上方时，它就会掉入水中。

角类肥蛛在欧洲以及北美的分布都很普遍。

硬类肥蛛。

硬类肥蛛（*Larinioides sclopetarius*）

Larinioides 来自单词 Larino；*sclopetarius* 可能来自拉丁语

这种蜘蛛有 9~14 毫米长，除了比之前介绍的种类要大之外，通常也居住在水域附近，但很少出现在植被中，而喜欢在栅栏、建筑物和桥梁之间活动。许多蜘蛛可以在水生环境中茁壮成长，因为水对于飞行的昆虫和其他野生动物的吸引力就像磁铁对于铁一样。硬类肥蛛也可以通过天鹅绒般的花纹来识别：头部外壳和腹部较暗的花纹被白色的绒毛勾勒了出来。在英格兰和威尔士，它不如角类肥蛛分布得广泛，并不十分常见，尽管在欧洲北部和北美大部分地区都很普遍。在水源附近的门与栅栏上的裂缝中可以很容易找到它们。

阴点园蛛是只在夜间捕蛾的蜘蛛。

阴点园蛛（*Nuctenea umbratica*）

Nuctenea 来自希腊语 nukta，意为“夜晚”；*umbratica* 源自拉丁语 umbra，意为“阴影”

尽管这种蜘蛛在整个英国和欧洲都很普遍，但只要不是受到了干扰，很少在白天能见到它们。寻找阴点园蛛的一种方法是通过观察四周的老树、棚子、门或篱笆，寻找它们那具有特征的网，这种网的螺旋线在轮轴的上方多于下方。阴点园蛛没有信号线，扁平暗褐色的身体很适合挤进狭窄的缝隙中，因此很难找到它们的行踪。尽管这种蜘蛛的体色有很大差异，但根据个体的大小、平坦的外形以及腹部背面的褐色扇贝形花纹，还是很容易将它们鉴定出来的。

由于成虫的网很结实、大而有弹性，因此可以诱捕到大飞蛾和其他夜行性昆虫。不过因为猎物过于沉重，球网很容易受到损坏。于是，当夜晚来临，光线逐渐减弱时，这种大型的蜘蛛就会从隐居的地方爬出来，为晚上的工作准备一张新鲜的网。完成后，它便会坐在枢纽的中心等待进一步的行动。

当受到惊扰时，这种蜘蛛特别擅长装死（这称为“僵化反射”），像石头一样从蜘蛛网中掉落到地面上。这时，它会将步足卷起来，静止不动地躺上几分钟，等待危险过去。全年都有可能找到雌蛛，而雄蛛则会在冬季开始时死亡。

在这只迷人的刺芒果蛛的腹部，可以看到板球拍的清晰形状。

刺芒果蛛（*Mangora acalypha*）

Mangora 来自希腊语，意为“奴隶贩子”；*acalypha* 来自希腊语，意为“荨麻”

刺芒果蛛是芒果蛛属中唯一的欧洲物种，其独特的花纹使其很难与其他任何物种混淆。确实，如果必须给这个有魅力的圆网蛛起一个英文名字（鉴于其科学名称很晦涩，它肯定需要一个的名字），那么一个合适的名称就是“板球拍圆网蛛”，因为它腹部后半部具有独特的棕褐色和黑色板球拍图案，以及一系列 V 形图案。

芒果蛛在低矮的植被（例如草丛或石楠丛）之间编织蛛网。与大多数圆网不同，它倾斜的角度很小，有时几乎是水平的。在这里，蜘蛛可以毫不畏惧地居住在中心部位，不需要任何躲藏。网也很不寻常，因为它的半径（约 50 厘米）比其他大多数物种的都大，而且螺旋线也更结实。

园蛛科的这个成员分布相当广泛，特别是在英格兰南部，尽管在北部这一物种变得越来越少见。这种蜘蛛在北欧也很普遍，但是随着气候的变冷，它们变得越来越稀有，到了芬兰就完全见不到了。在北美，这种蜘蛛被几种类似的芒果蛛属物种所取代。

正在清洁步足的雄性痣蛛。

圆网中的痣蛛在小叶片里织网。

痣蛛（*Araniella*）

Araniella 来自希腊语，意为“小巧的”；种名 *cucurbitina* 来自拉丁语，意为“地面”；种名 *opisthographa* 来自希腊语，意为 “写在后面”

在痣蛛属中有几种类似的蜘蛛，在田野中可以通过引人注目的鲜绿色腹部及其上面的一对黑斑和一个红色斑点来识别它们。雄蛛的腹部较小，有明显的淡红色头胸部。两种最常见的物种是八痣蛛和书后痣蛛，它们在英国和北欧均很普遍，但是如果不使用显微镜很难将其区分开来。像大多数蜘蛛一样，它们会在夏末和秋末达到成熟。在欧洲，其他旧世界的物种非常稀少。间刺痣蛛算是其中之一，常见于北美，在那里的八痣蛛的分布很少。

所有痣蛛的网都很小，建造在灌木丛和树木上，大约位于人站立时头部可以达到的高度，或者更低一些的地方。有时，它们会在叶片的凹陷处织网。在这种情况下，织出的网会变得相当随意，根本无法形成球状网。

➤ 痣蛛处在沾满花粉的网上。

灌木新园蛛在交配。

灌木新园蛛（*Neoscona adianta*）

Neoscona 来自希腊语，意为“新尘”；*adianta* 来自希腊语，意为“干旱地区”

这种吸引人的蜘蛛很难与在英国发现的任何其他蜘蛛相混淆。雌蛛长约 9 毫米，腹部有一系列带黑边的奶油三角形花纹，背景为褐色或铁锈色。三角形花纹朝向后端逐渐变小。

雌蛛坐在网旁边的丝制平台上，通常处于低矮的植物，例如蓟、金雀花或石楠上。新园蛛在北美没有分布，并且在英国也不常见。

◂ 灌木新园蛛与被捕获的猎物。

通道扇蛛（*Zilla diodia*）

Zilla 取自植物的名字；*diodia* 来自希腊语，意为“通道”

扇蛛是一种个头很小、但有明显标志性花纹的圆网蛛，通常会在与人类腰部差不多高的黑暗阴影环境中建造出完美的同心网，在那里蜘蛛往往看起来非常显眼。它还习惯于在轮轴网的中心区域上等待猎物的到来，这使它更容易被发现。它的网具有异常多的增强性螺旋线及半径结构，没有

庇护所或信号线，人们可以通过这些特征将它识别出来。

通道扇蛛是这个属唯一的欧洲成员，在北美则没有分布。尽管在欧洲有广泛的分布（除斯堪的纳维亚半岛外），在英国，这种蜘蛛仅分布于南部各郡。

▲ 扇蛛在蛛网的中央位置。

尽管为了捕获猎物，螺旋网的表面会很黏，但蜘蛛仍然可以在几乎看不见的径向线上自由行走。

三斑马园蛛（*Atea triguttata*）

Atea 来自希腊语，意为“马”；*triguttata* 来自拉丁语，意为“三个点”

不幸的是，这种个头不大、但有着明显标志的橙黄色蜘蛛在英国很少见。它们在乔灌木的落叶中编织出精巧的球状网。从照片中可以清楚地看到，球网中心的大部分区域没有螺旋线。像扇蛛一样，这种蜘蛛会在网的中心部位等待小昆虫飞入具有黏性的螺旋线中。图片中清晰可见螺旋线上的微小黏性液滴；与大多数圆网蛛一样，径向线上没有这种黏性物质，因此几乎很难被看见。这样一来，马园蛛就可以轻松自如地在网上移动了。蛛网一旦受到损坏，蜘蛛就会立即回收剩余的丝，并在不到两分钟的时间内将它们吞噬掉。像许多圆网蛛一样，这种蜘蛛每天都会更新网。

尽管在斯堪的纳维亚半岛和北美没有分布，但这马园蛛在北欧大部分地区都广泛分布。

高亮腹蛛个头很小，呈圆形且具光泽。

高亮腹蛛（*Hypsosinga sanguinea*）

Hypsosinga 来自希腊语，意为“高”；*sanguinea* 来自拉丁语，意为“血红色的”

高亮腹蛛体型微小，仅有 2.5 毫米长。它们的腹部具有光泽，呈椭圆形深棕色，带有白色或浅黄色条纹，可以作为识别它们的特征。在北美，这个属的蜘蛛有其他几种代表物种。

这种蜘蛛的小球网被建在靠近地面的低矮植被中，通常是在水域附近或潮湿的地方。图中所示的红高亮腹蛛非常罕见。

丽楚蛛（*Zygiella x-notata*）

Zygiella 来自希腊语，意为“聚在一起”；*x-notata* 源自拉丁文，意为“有 X 标记”

丽楚蛛是欧洲最多的蜘蛛之一，也分布在北美。在任何时间，不论白天或黑夜，夏季或冬天，你都能在窗框附近看到它。我家的每个窗户上至少有一只这样的蜘蛛，有时甚至在窗户的四个角上各有一只。

尽管可以通过背面的灰色叶子图案轻易地识别出这种蜘蛛，但网和它所处的位置才是最便捷的识别特征。所有丽楚蛛的网都易于识别，因为网的上部没有螺旋线。在制作网辐时，丽楚蛛每次到达这个部位时都会调转方向，而不是继续沿着螺旋方向移动。空缺部位的正后方是一股坚韧的线，这条信号线通向网边缘或角落里的筒形庇护所。在这里，丽楚蛛用前侧步足的尖部搭住信号线，以等待昆虫的到来。有时，螺旋线也会将缺失的部分连接起来（未成年的丽楚蛛所制作的网就是完整的）。而且在夏末，一些成年丽楚蛛制作的网也可能是完整的。但是，信号线和椭圆形的轮轴都有助于你识别出这种网。

丽楚蛛在夜间很活跃，尤其当夜蛾等夜行性昆虫被屋内的灯光吸引来时。在夏末时节，大蚊很多，这对丽楚蛛来说似乎是一个有利可图的时期，虽然这种笨拙的昆虫常常会在蜘蛛咬到它们之前就设法挣脱。

它们的卵被放在丝囊中，丝囊通常会被放在窗框边缘或角落上，并覆盖一层密密麻麻的线网。它可以容纳约 50 个卵。

丽楚蛛的网。注意带有信号线的空缺扇区。

◄ 丽楚蛛与大蚊。

房楚蛛。

房楚蛛（*Zygiella atrica*）

Zygiella 来自希腊语，意为“聚在一起”；*atrica* 来自拉丁语，意为“房子中的”

房楚蛛是与丽楚蛛非常相似的近缘种。两者之间的主要区别在于栖息地：前者选择人类居住地的窗框，而后者则倾向于在石楠、金雀花和其他灌木丛上建网，通常是在远离房屋的空旷地带。这种蜘蛛还可以在靠近海洋的岩石和防波堤上生活。种加词 *atrica* 似乎不太合适形容它，因为它很少生活在房屋周围。

丽楚蛛在受到干扰后仍会待在庇护所里，而房楚蛛则会像石头一样从网中掉落，并拉出一根牵引线，这使它能够轻松地找到回家的路。尽管这两种物种的外观相似，但还是可以区分开的，因为房楚蛛的腹部前部具有更多的银色叶形线和红色花纹。这种蜘蛛在整个欧洲很普遍，但不如窗蜘蛛普遍。在北美也可以找到它们的踪迹。

明亮的警告色和多刺的身体能吓退捕食者。

蟹形棘腹蛛（*Gasteracantha cancriformis*）

Gasteracantha 可能来自希腊语，意为“肚子”；*cancriformis* 来自拉丁语，意为“蟹状的”

这种看起来怪异的蜘蛛可能体型不是特别大，但当它的形状、颜色和“上釉的”腹部结合在一起之后，就变成了北美温暖地区最引人注目的蜘蛛之一。从外形上看，它可能类似于蟹蛛，但是棘腹蛛与蟹蛛科没有任何关系，其实它是属于园蛛科的。

蟹形棘腹蛛是西半球这个属的唯一物种，从美国南部到阿根廷都可以找到它。由于它的体表图案多变，多年来，许多生物学家以不同的名称描述过这种蜘蛛。在美国佛罗里达州的这种蜘蛛具有白色图案，中美洲和南美洲的则拥有橙黄色图案，而背刺颜色则从黑色到红色都有。现在，这些蜘蛛都被认为是同一个物种。

雌蛛的体宽要大于体长，长 5~9 毫米，宽 10~13 毫米。雄蛛则小得多，体长大于体宽，并且没有明显的腹部刺。在柑橘林中，可以找到棘腹蛛，它们的网通常建在离地面 1~6 米的地方。蜘蛛头朝下待在中央圆盘上，有一个开放的区域使中央圆盘与其他黏性螺旋网隔开。当昆虫被困住时，棘腹蛛会在捕获区域周围咬住网，然后冲过去包裹猎物，再将其带到中央圆盘的上部吃掉。

待在网中的箭小棘蛛及其稳定线。

箭小棘蛛（*Micrathena sagittata*）

Micr 来自拉丁语，意为“小”,*athena* 意为“穿着盔甲的女神雅典娜”；*sagitta* 来自拉丁语，意为“箭头”

箭小棘蛛是另一类具有彩釉的园蛛类蜘蛛，在西半球发现过几种。此处显示的是雌性箭小棘蛛，它是在美国东部以及中南美洲蓬勃发展的物种之一。雌蛛的腹部棘突长且发散，很是壮观，但与之前棘腹蛛的雌蛛一样，它容易出现较大的变异。

箭小棘蛛的网半径约 30 厘米，稍微有些倾斜，通常建在林地边缘、草地或花园周围的灌木丛中，并由许多半径不同、紧密间隔的螺旋线编织而成。有时，轮轴上方会有一根小稳定线。在这里，箭小棘蛛倒挂在网的斜向下处。像许多蜘蛛一样，当受到干扰，或是当入侵者离得太近时，它会从网中掉落到地面上。它被认为主要捕食叶蝉。

网上的银斑金蛛，显示了一根稳定线。

银斑金蛛（*Argiope argentata*）

Argiope 来自希腊神话中仙女的名字；*argentata* 来自拉丁语，意为“银”

金蛛是大型的、惹人注意的园蛛类物种，头朝下垂在球网的中央。蛛网通常具有一根锯齿形的稳定线，可以以多种形式出现。有时由多达 4 根 X 形的丝线构建而成。这些装饰的用途尚不确定。一种合理的解释是，稳定线可作为伪装，使蜘蛛不那么显眼。另一种解释是，稳定线可以使网更加清晰可见，从而使鸟类不太可能撞上它们，从而节省了蜘蛛用于维修网的能量。

金蛛是主要分布在热带或亚热带的物种。在美国南部以及中南美洲发现了引人注目的银金蛛，它具有银色的头胸部，腹部呈喇叭形，步足呈黄色，并带黑色条纹。通常可能会发现多个蜘蛛生活在同一灌木丛中。像许多蜘蛛一样，银斑金蛛不一定会咬它的猎物。它对缠绕在网上的猎物的反应取决于猎物的类型。对蝴蝶和飞蛾会咬很久，而对其他大多数昆虫则首先采取用丝包裹的策略。据推测，大型昆虫，特别是那些鳞片易脱落的昆虫，需要被迅速杀死，否则就容易逃脱。

➤ 银斑金蛛的后视图。

横纹金蛛具有黄色和黑色的条纹。

横纹金蛛（*Argiope bruennichi*）

Argiope 来自希腊神话中仙女的名字；*bruennichi* 取自昆虫学家 M.T. 布鲁尼奇（M.T. Brunnich）的名字

这种看起来很具异域情调的生物是你期待在炎热雨林中，而不是英格兰南部海岸的空地上发现的那种蜘蛛。雌蛛不仅体形大（特别是在盛满卵的夏末之时），而且还像黄蜂一样在体表涂上了显眼的黑色和黄色的横向警告条纹。相比之下，雄蛛则是微不足道的棕色小蜘蛛。的确，很难想象这两者之间是相关的。因此，雌蛛不会对配偶有什么关照也就不足为奇了——它通常会吃掉求婚者，有时甚至在交配完成之前就这样做！

雌蛛在地面附近构造大型的球网，与其他金蛛一样，在球体上方和下方均具有稳定线。横纹金蛛的网呈一定角度倾斜，通常分布在田野或荒地边缘的高草丛中，因为那里常有大量的蝗虫。

在温暖的国家，有许多种类的金蛛，尽管在欧洲本地分布的黄蜂蜘蛛直到 1940 年才在英格兰被发现，当时它出现在汉普郡的荒原上。从那时起，这种蜘蛛就已经在南海岸繁殖成功，现在正在向北方扩展。在远离海岸的苏塞克斯郡的阿什当森林，我曾拍摄过一只雌蛛在保护它巨大的烧瓶状卵囊。在北美发现的类似物种是分布在美国的橘色金蛛。

直伸肖蛸的特写镜头，显示出它巨大的螯肢。

直伸肖蛸（*Tetragnatha extensa*）

Tetragnatha 来自希腊语，意为“四颚”；*extensa* 来自拉丁语，意为“伸出来”

细长的身体和步足，以及超长的螯可以将肖蛸与其他圆网蛛区分开来，尽管并非所有物种都拥有大颚。这类蜘蛛还习惯于用第三对步足握住草叶或树枝，将其余三对步足向前后伸展开来，与其栖息处平行。这种神秘的姿势，加上具有淡绿色、银色和深色纹理的身体，使它们很难被发现。在欧洲最常见的两个物种是直伸肖蛸和山地肖蛸，但是在野外很难区分两者。

长颚蜘蛛网的结构细小，半径很小，螺旋间距很大。像后蛛一样，它们的网在轮轴上有一个空缺。网通常以一定角度倾斜，甚至水平放置。属名 *Tetragnatha* 所表达的意思——“四颚”很合适它的特征。除了长长的散开的螯外，它们的上颚也呈现类似的形态，使蜘蛛看起来有 4 个颚。这些器官都是用来交配的，用配对颚以摔跤姿势锁定雌蛛，这是雄蛛采取的预防措施性，可以防止自己受到配偶的攻击。

肖蛸最喜欢出没的地方是芦苇丛和草丛，它们奔跑于水边，那里有大量令它们开心的小型昆虫，例如蚊子和蝇。在傍晚到来，昆虫变得活跃之前，肖蛸就开始编织蛛网了。肖蛸，有时也被称“草蜘蛛”，在整个欧洲以及北美都非常普遍。

➤ 直伸肖蛸与其捕获的苍蝇。

网中的直伸肖蛸。

在草叶上的直伸肖蛸。

在汽车后视镜上的节麦林蛛。

节麦林蛛（*Metallina segmentata*）

Metallina 来自希腊语，意为“金属制成的”；*segmentata* 来自拉丁语，意为“跳动”

节麦林蛛是在北欧发现的数量最多的圆网蛛，但在北美却没有分布。在某些年份中，你只需要在秋天合适的地方（到处都是）徘徊，几乎每一个高草丛和灌木丛都至少附着一个麦林蛛的网，网的中央是具有褐色或紫色叶状花纹的淡黄色蜘蛛。蜘蛛花纹的深浅和颜色的变化很大。雄蛛具有诱人的锈棕色，而且它的步足也更长。

肖蛸科麦林蛛属蜘蛛中有 5 种欧洲物种，对于这种大小的蜘蛛来说，它们的网相对较小。蛛网的中部有一个小洞，螺旋线的排列紧密，半径比亲缘关系较近的肖蛸更大，这些都是这种网的识别特征。由于这种蜘蛛不会躲藏在隐蔽处，因此没有信号线。相反，它停留在网的中间，随时准备以振动最轻微的方式冲出。

夏末和秋季是这种蜘蛛的交配季节，经常可以发现节麦林蛛的雄蛛盘旋在雌蛛网的边缘。有时，在求婚开始之前，这两者便能够友好地共存于网上。雌蛛在捕获猎物之后开始实际的交配。当雌蛛的螯忙于包裹或吃掉猎物时，雄蛛便可以安全地接近，并与之交配。存在这种明显友好的关系，可能是由于雄蛛与伴侣的个头相当。同时，雄蛛的步足还比雌蛛长得多，如果出现任何矛盾，这也是一种优势。这种关系似乎比大多数圆网蛛物种更为友好。例如，雌性节麦林蛛的体型比雄蛛大一倍，而且更可怕。雄蛛如果能从雌蛛手下成功地逃走便是很幸运的事。

尽管节麦林蛛会依靠蛛网捕捉绝大部分猎物，但它也会用一条线从倾斜的网上垂直落下来，抓住在下面移动的昆虫，这表明它的视力完全没有问题。

梅氏后蛛与卵囊。

梅氏后蛛（*Meta menardi*）

Meta 来自希腊语，意为“圆锥体”

梅氏后蛛是一种怪异且相当大的肖蛸科蜘蛛，它的一生都在潮湿的洞穴、下水道和铁路隧道的漆黑（或近乎漆黑）中度过。正如照片中守护卵囊的这只雌蛛，它的腹部呈微妙的青铜色，并带有黑色花纹和泛黄的斑点，尽管这些颜色只有在被灯光照亮时才会显现出来。

令人惊讶的是，这种蜘蛛是一类织网蜘蛛。在黑暗中很难分辨出这张网，栖息地单调的墙壁和屋顶也使它变得非常不显眼。幸运的是，梅氏后蛛非常嗜睡，即使是患有蜘蛛恐惧症的人，也能够以足够的勇气在可以导致幽闭恐惧症的栖息地中观察这种生物！

梅氏后蛛捕食所有通向阴暗潮湿地方的无脊椎动物，例如木虱、蚊子以及冬眠的蝴蝶和飞蛾。我就曾发现过蛛网中孔雀蛱蝶和棘翅夜蛾的遗骸。尽管这种蜘蛛绝非常见，但它在整个北欧都很普遍，并且在北美的某些地区也有记录。不过请注意，也有其他物种和梅氏后蛛同样被称为“洞穴蜘蛛”，因此最好尽可能使用科学名称。

棒毛络新妇（*Nephila clavipes*）

Nephila 来自希腊语，意为“喜欢织网”；*clavipes* 来自拉丁语，意为“足部畸形的”

世界上最大的圆网类蜘蛛是棒毛络新妇。这种令人印象深刻的蜘蛛不仅可以通过大小（雌蛛的身体长约3.75 厘米）来识别，而且在这种蜘蛛的第Ⅰ、Ⅱ、Ⅳ号步足的股骨和胫骨上还有明显的黑色簇毛，也可以用于鉴定。巨大的金色网可以横跨 18 米宽的间隙，这使捕食变得轻松。在美国东南部、中美洲及其他地区的林地中都可以发现棒毛络新妇。不幸的是，北欧乡村没有这种蜘蛛的分布。

记得在 20 世纪 70 年代初期，我第一次遇到棒毛络新妇，那是在我对蜘蛛产生特殊兴趣之前很久。当时，我正在佛罗里达大沼泽地的松树林漫步。当我突然意识到眼前几厘米处有一个模糊可怖的物体在午后的阳光下闪闪发光时，我停下了脚步。我后退了几步，注意到这是我曾遇到过的最大的蜘蛛，它悬浮在由金丝制成的球体网里。网是巨大的，其本身就至少有 1 米宽，而用以固定的粗丝束则足有 15 米长。那时我还是一个蜘蛛恐惧症患者，所以就匆匆逃走了。

棒毛络新妇坐在它的网中央，等待大型昆虫（甚至据报道，偶尔也有蜂鸟）被捕。雄蛛经常会潜伏在网附近。与雌蛛相比，它是一个微不足道的生物，体重只有伴侣的 1/100。它是如此之小，以至于雌蛛不会将其视为潜在的猎物，甚至允许它在自己周围爬行。雄蛛也比雌蛛敏捷得多，因此如果需要的话，它可以轻松地摆脱相对笨拙的伴侣。有趣的是，尽管大多数雄蛛已经演化出一系列复杂的视觉和触觉信号，以传达交配的意愿而避免成为另一顿晚餐，但棒毛络新妇却通过加大尺寸差异这种新颖的方法来实现相同的目的。

◀ 一对棒毛络新妇，雄蛛在上面。
➤ 棒毛络新妇展示着步足上的毛簇。

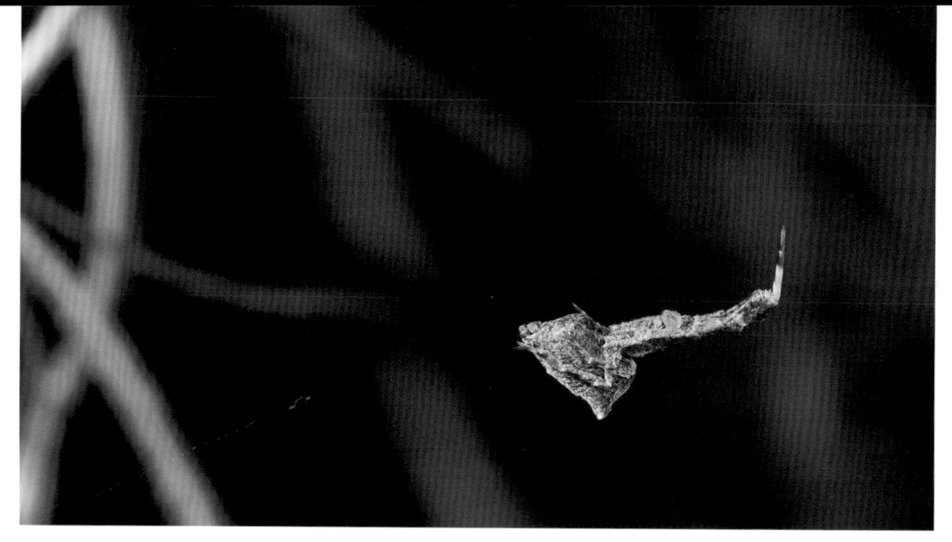

羽足妩蛛的侧面观，显示出其神秘的姿势。

羽足妩蛛（*Uloborus plumipes*）

Uloborus 来自希腊语，意为“致命的”；*plumipes* 来自拉丁语，意为 “羽毛足”

所谓的羽足妩蛛是英国动物区系中的一个非常新的成员，在英国各地的花园中心都可以找到这种蜘蛛。在康沃尔的伊甸园项目的热带潮湿生物群落中，妩蛛科的这个成员尤为常见。羽足妩蛛在花园中心和温室的植物或建筑物之间建立了一个大型的、易碎的球状网，在这种通常不使用杀虫剂的地方靠捕捉小苍蝇和虫子蓬勃发展。

这种蜘蛛的外观是不容易被认错的，它们能摆出各种奇怪的姿势，最常见的是类似于树叶或其他碎屑的样子。最好的识别特征是身体的形状和前侧步足的簇状毛，以及不动声色地伸直步足坐着的习惯。

显然，这种蜘蛛是从欧洲大陆随植物一起进口来的，因为它在欧洲的大部分地区、非洲和北美的一些地区都有广泛分布，而且也有类似的物种分布在这些地方。

俯视网上的羽足妩蛛。

扇妩蛛在其新构建的三角网中等待猎物。

松树扇妩蛛（*Hyptiotes paradoxus*）

Hyptiotes 来自希腊语，意为“懒得动的”；*paradoxus* 来自希腊语，意为“奇怪”（可能是指蜘蛛在其网中的特殊姿势）

这个令人着迷的小妩蛛是我最喜欢的蜘蛛之一，但它远非典型的圆网蛛。它是稀有物种，长度为 3~4 毫米，一生都在紫杉的中部和上部度过，在英格兰的少数几个地方发现过。它的体积小，并倾向于在黑暗和晦暗的地方保持不动，这些特征可能部分地解释了其特别稀有的原因。

这种蜘蛛的非蜘蛛外形增添了它的神秘特质。它看起来像一片落叶，从来不会像正常的蜘蛛那样散开 8 条步足，而是喜欢将步足蜷缩在靠近身体的地方，给人一种驼背的感觉。除了这种奇怪的样子，扇妩蛛还拥有巨大的、气球状的触肢，它们看起来与本身就很笨重的头胸部一样大。

扇妩蛛建造的三角形网大约有圆网的 1/6 大小。蜘蛛坐在蛛网顶端，用前脚拉紧松弛的环线，并将棘齿放入其中以增加拉力。

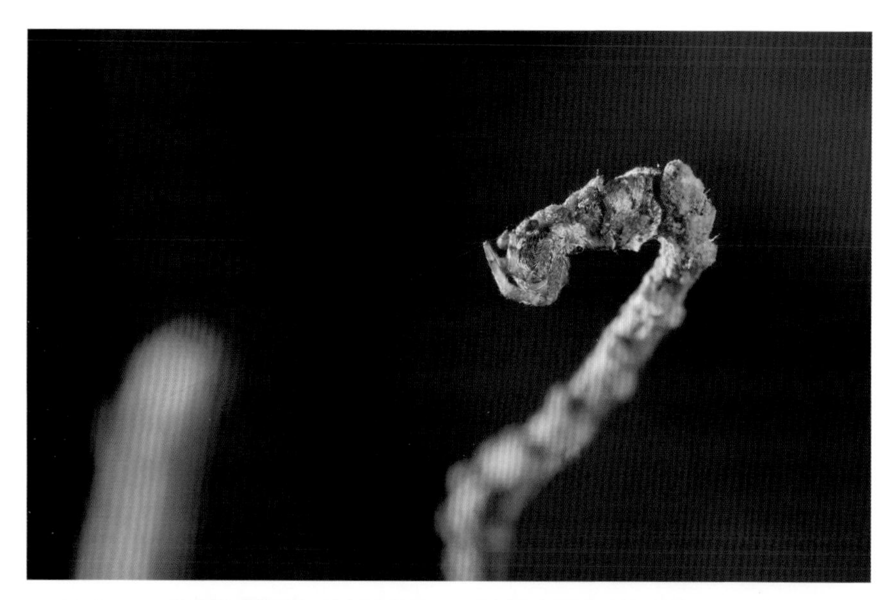

顶图：扇妩蛛前侧步足将网拉紧，摆出神秘的姿势。底图和对面两图：显示了蜘蛛采用逐渐放松网线来捕获猎物的过程。

当苍蝇撞击网时，扇妩蛛便会放松这部分环线，使蛛网产生塌陷，相互粘连在一起，从而进一步捕获苍蝇。这一动作将被重复多次，蜘蛛会一边从纺器里释放出更多的丝，一边逐渐前进。为了使蜘蛛所结的网位于可见

位置，以清楚地显示整个捕猎过程，这组照片的拍摄花费了数周的时间。

松树扇妩蛛在北欧的部分地区有分布，但在北美却没有，而是被其他几种类似的扇妩蛛属种类所取代。

丘腹蛛隐藏在石楠茎上。这种蜘蛛通常是很难被发现的。

角丘腹蛛（*Episinus angulatus*）

Episinus 来自希腊语，意为“伤害的”；*angulatus* 来自拉丁语，意为“有角的”

这种小型蜘蛛与圆网蛛没有什么关系，它是球蛛科中的一员。传统的球蛛所编织的网总是乱糟糟地向不同方向延伸，而与之不同的是，丘腹蛛建造的网却是所有蜘蛛中最简单、最优雅的一种。因此，这一物种在此被划为有序网的编织者。

这种蜘蛛的网大体上由 4 根 H 形的线组成，蜘蛛位于网的中心，其中有一根线附着在纺器上。网的两个下端固定在地面上。当 8 只脚都接触到网的不同部位时，后脚承担了蜘蛛的大部分重量。当爬行的昆虫（例如蚂蚁）接触到两个较低的树胶状细线中的任何一条（在照片中可以看到黏性的珠子）时，蜘蛛就会立刻行动并攻击猎物。

丘腹蛛的外观不同于球腹蛛科的其他成员：其腹部前端狭窄，并逐渐变宽直至末端，在每个角处都有两个圆锥形突起。可以想象，这种蜘蛛很难在其地面栖息地被发现，因为它不仅很小（3~4 毫米），而且在体色和形状上都进行了很好的伪装，就像枯枝落叶中的一个组成部分。除非出现反光（不太可能出现这种情况），否则它那极简的网是很难被发现的。其实，即便在使用受控照明的情况下，也很难一次看清整个网的形态。

在北美也发现了几种丘腹蛛，而在英格兰和北欧发现了 3 种，尽管它们并不常见。

➤ 简单的 H 形网上的丘腹蛛。

7 狩猎者：无序的网

在这里，编织无序网的类群并不总是遵循科学规律，也不局限于特定的蜘蛛科。有时，圆网蛛也会编织很少或没有图案的杂乱的网，正如痣蛛属（*Araniella*）所编织的网，而有些皿蛛的片状网却很有规则。事实上，蛛网并不像我们看上去的那样混乱，自然总是有合理的理由采用特定的设计。

其中最杂乱的一种网是由幽灵蛛属蜘蛛编织的，其外观并未因通常附着其上的灰尘和碎屑而得到改善。卷叶蛛的网也显得毫无秩序，通常被编织在枯死或垂死的植被上，由每天不断增加的密集蛛丝组成。蜘蛛生活在网的中心，越来越多的蛛丝使它们免受潜在掠食者的攻击。

球蛛科蜘蛛是在英国广为人知的蜘蛛。它们编织的网具有不规则结构，但其多样化的设计实际上比表面看起来要更为精确。这种类型的网通常被称为“脚手架网”。网的中央区域通常是丝线编织的迷宫，有时呈六边形筛网状，有时像松散的网格状开放平台。它们的诱捕作用如下：将黏性液滴有策略地沿着蛛丝放置，其分布取决于网是用来捕获爬行的昆虫还是飞翔的昆虫。爬行的昆虫是许多物种的主要猎物，其中包括高尚肥腹蛛，该物种编织的网会附着在墙壁上。当一只昆虫在其下方的位置不小心撞上一个带黏性的节点时，线会断裂。随着线的弹性收缩，昆虫被举到空中，这使蜘蛛可以拽到猎物。当蜘蛛接近猎物，到达安全距离的边缘时，它会向猎物甩出带有黏性的蛛丝。一旦昆虫被充分捆扎起来，蜘蛛就会咬住它的腿。球蛛经常会捕食比自己大得多的猎物，包括对自身可能造成危险的昆虫，如黄蜂。

◂ 一只正在飞航的蜘蛛。

尽管球蛛的螯肢看起来很柔弱，但是这一不足却能被强大而迅速起作用的毒液所弥补。不同于将猎物咀嚼成颗粒的蜘蛛，这些球腹蛛会将它们的猎物吸干，留下空心的壳。

与圆网蛛相比，皿蛛的片状网似乎杂乱无章，但许多物种纺出的网看起来却非常具有智慧，不但捕猎效果好，而且美观，尤其是在满载新鲜晨露的情况下。许多网都具有类似脚手架的上层结构，下方则是一个平台，其形状各异，为凹形、凸形、弓形或圆顶形。被上面的线绊倒的昆虫掉落到网上，而潜伏在下面的蜘蛛则通过薄网向上攻击。

织无序网的蜘蛛

球蛛科的成员通常被称为“脚手架网蜘蛛”“蜘蛛网蜘蛛”或“梳足蜘蛛”。该科中的大多数蜘蛛都是中小型的，并具有光滑的球形腹部和短小的步足。尽管它们的螯肢小，但毒液却很有效，正如其成员之一黑寡妇蜘蛛（寇蛛属 *Lactrodectus*）所证明的那样。

“脚手架网蜘蛛”之所以被这样命名是因为其编织的网呈支架状结构，而另一个名称“梳足蜘蛛”则源于后侧步足上的一排弯曲的锯齿状刷毛（多数情况下可能很难被看到，尤其是对于成年雄蛛或较小的物种）。这种刷毛在拉出黏性丝并将其扔到猎物上时起着至关重要的作用。

一些种类能够通过发声器产生尖锐的交配声。发声器由位于背甲后部的锉刀与悬垂在腹部下方的带齿的刮器组成，两者通过摩擦发声。北美有230 多种，北欧则有 76 种。

著名的幽灵蛛通常在房屋中建造凌乱的或圆顶状的网。世界上其他870 种则生活在洞穴里或原木下各种黑暗的地方。典型的幽灵蛛的步足长而纤细，身体相对较小，总是喜欢躲在黑暗的角落里，这都使它们容易被识别。它们还具有几乎圆形的背甲，具有独特的眼睛排列方式。北美有 34 种，而北欧有 3 种。

卷叶蛛（杂网蜘蛛）是具有筛孔的小型蜘蛛，它们具有小筛器和小栉器。筛器是一对经过改良的纺器，产生的纺丝厚而黏稠，由后侧步足上的一排硬毛梳理成一条宽的蓝色丝带。这种网是通过缠结而不是黏性来捕捉猎物的。如果不进行放大，这些器官几乎是无法被辨别出来的。

这类蜘蛛从低矮的植物（如草头或灌木丛）顶部向下放射线状纱幕，构建出扇贝状的卷叶蛛网。花边似的小齿线附着在放射状的线上，使蜘蛛能够捕获比其本身大得多的昆虫的腿和翅膀。蜘蛛通过不断地咬猎物的腿部来攻击它们，直到受害者不再挣扎。我们常常可以在网的边缘看到这种胜利留下的痕迹。所有这些蜘蛛的长度都小于 4 毫米，并且许多腹部都有绒

这种皿蛛的网设计精美，可以捕捉低飞的昆虫。

毛状图案。绝大多数物种生活在北半球的温带地区。北美有近 300 种，而北欧只有 10 种。

在美国北部和欧洲，皿蛛也被称为“吊床网蜘蛛”“矮蜘蛛”或“金钱蜘蛛”。这类蜘蛛是物种最丰富的蜘蛛，仅在北美就有近千种命名物种。它们大多数的体型很小，仅有 1~4 毫米长。在北美，它们被称为“矮蜘蛛”，且在野外几乎无法被发现。它们非常之小，必须通过在显微镜下的仔细观察才能被正确地鉴定出来。因此，此处仅描述了两个较大的物种。

皿蛛会制作精美的片状网，并在网的上下方都设有陷阱线。蜘蛛倒挂在网下，从下面袭击猎物。许多小型皿蛛的头上都饰有怪异的突起，它们在求爱中起着重要作用。

皿蛛体型很小，在大多数时候都不会引起人们的注意。但是当条件合适时（通常是在秋季后期温暖、阳光明媚的日子里），在乡村地区就会布满这种覆盖着露水的精美蛛网。正是在这样的时候，我们才会对周围那些“无形”，却又大量存在的蜘蛛有所了解。而产生这种现象，皿蛛科蜘蛛所做的贡献比其他任何科都多。

微小的皿蛛通常以独特的空中扩散方式与其他家庭产生联系。在某种奇怪冲动的驱使下，它们会聚集在一

典型的皿蛛。

起，爬上植物或栅栏的顶端，然后踮起爪尖，将丝扔进微风中。蜘蛛通过这种方式将更多的网向四处扩散，并随之被举到空中，运送到微风掠过的地方。于是，小蜘蛛便可以移动到数百米之外的新的栖息地。如果风足够强，还可以惊人的速度迁移更远的距离。有时，这些蜘蛛会向上飞到千米之外的高空，越过山脉、海洋和遥远的岛屿，到达数百千米以外的地方。达尔文在乘坐比格尔号航行的期间，在距陆地至少 100 千米的地方，记录了几千只蜘蛛。

这是一只雌性卵形武颚蛛，拥有较常见的没有红色条纹的体色。

卵形武颚蛛（*Enoplagnatha ovata*）

Enoplagnatha 来自希腊语，意为“武装的下颚”；*ovata* 来自拉丁语，意为“卵形的”

这种漂亮的球蛛很常见，在整个北欧、英国和北美都可以找到。它有几种不同体色，其中最常见的是浅黄绿色。其他不太常见的体色更吸引人，有的腹部中央具有一条宽的红色条带，有的腹部两侧各有两条较窄的亮红色条带。它们的身上总是存在几对黑点。雄蛛具有分散而带齿的增大螯肢。

它们的凌乱的三维状蛛网很有特点，由明显杂乱无章的线交叉组成，通常位于低矮的植被或灌木丛中，有时也会出现在花朵附近。一旦昆虫触碰到其中一根黏丝，蜘蛛就会出现，并在整个猎物身上甩撒黏性网。黄蜂和熊蜂之类的危险猎物遇到它也会受到同样沉重的打击。而且，这种好战的蜘蛛还会盗取其他蜘蛛捕获的猎物，甚至以在自己的网中攻击其他蜘蛛而闻名。

与这种贪婪的狩猎行为相反，大多数球蛛照顾卵和后代的天性对人们更有吸引力。卵形武颚蛛会守卫自己那蓝色的卵囊，直到在冬天面临死亡之时。幼蛛要经过很长一段时间，到春天才会出现。

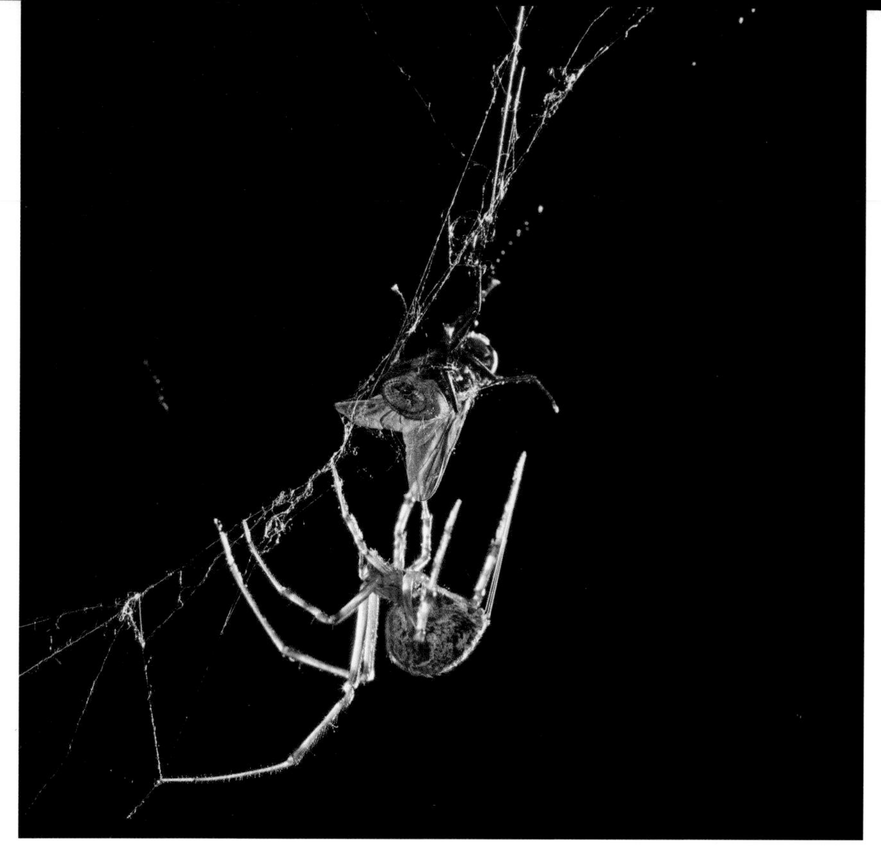

温室拟肥腹蛛将苍蝇包裹起来。注意从纺器中挤出的网。

温室拟肥腹蛛（*Achaearanea tepidariorum*）

Achaearanea 来自希腊某地的地名；*tepidariorum* 来自拉丁语，意为“温暖干燥的生境”

专家尚未确定这种蜘蛛的起源地，不过新热带地区似乎最有可能。可以肯定的是，温室拟肥腹蛛这一物种已成功地遍及全球。在某些地方，它已经变得极为常见。它通常在靠近人类的地方繁衍生息，生活在房屋的黑暗角落里、家具下、棚子或篱笆中。尽管在整个北美都有它的身影，但在北欧，它只能在温暖的地方（如加热的温室）生存，在普通的室内比较少见。在南部地区，偶尔能在外面找到它。

拟肥腹蛛的体色是一种难以形容的、非常多变的深棕色或脏橙色。雌蛛体长 5~6 毫米，前侧步足比身体长 3 倍，凌乱的网经常被灰尘淹没。蜘蛛有时会藏在羽毛或树叶碎片等碎屑下。雌雄蛛经常在同一网中和谐共处。这种蜘蛛以多种昆虫为食，有时是诸如蟋蟀和蟑螂之类的大型昆虫，有时甚至是恰巧缠在网中的其他蜘蛛。

◀ 美国家居蜘蛛从卵囊中孵化出来。

高尚肥腹蛛。

高尚肥腹蛛（*Steotoda nobilis*）

Steotoda 来自希腊语，意为“喜欢”；*nobilis* 来自拉丁语，意为“知名的”

像真正的寡妇蜘蛛一样，高尚肥腹蛛有一个圆形的球根状的深色腹部，但雌蛛则带有淡淡的金色花纹和一条奶油色的带子。完全成年的雌蛛大小为 7~14 毫米。

这种大型的球蛛具有狡猾的名声——如果不正确抓着它，它不仅具有攻击性，而且会对人造成轻微的咬伤。不幸的是，这种声誉因其分布范围的扩大和偏爱栖息在人类居住环境中而显得更为突出。被蜘蛛咬伤的人会感到麻木和疼痛，就像黄蜂或蜜蜂叮咬造成的刺痛，持续一两天。

高尚肥腹蛛在英格兰是一种入侵物种，是从加那利群岛和马德拉群岛引入的，并从南海岸周围的码头地区扩散。现在可以在许多南部地区发现它，并且随着全球变暖，它正在稳步向北发展。北美尚未有报道。这幅图上的蜘蛛是在英格兰南部奇切斯特大教堂的外墙上发现的。

显示红色沙漏标记的荣寇蛛。

荣寇蛛（*Latrodectus mactans*）

Lactrodectus 来自希腊语，意为“咬”；mactans 来自拉丁语，意为“杀死”

现在我们来看看这种令很多人害怕的蜘蛛，黑寡妇。即使是它的学名，也会让人不寒而栗。实际上，就像大多数蜘蛛一样，黑寡妇很胆小，更喜欢逃避或躲藏而不是进攻。只不过它恰好选择在人类倾向于露出手指或身体其他部位的地方生活：在建筑物、谷仓和室外厕所的内部或周围，在原木或石头之间的黑暗潮湿的空间中，或是水表和空的喷壶里。为了避免被压碎，蜘蛛会通过咬伤对方来防御自己，并注入神经毒素。这种毒素会导致不幸的人被咬伤，产生剧烈的腹部疼痛、严重的肌肉痉挛、呼吸困难、抽搐、瘫痪和休克。

寇蛛（寡妇蛛）有几种，分布在世界各地，其中一些已被赋予地区性名称，例如南欧的间斑寇蛛，澳大利亚的哈氏寇蛛和新西兰的卡提波寇蛛。最著名的是来自北美的黑寡妇，尽管颜色和图案会因年龄和地区而异。大体上有两种外形，分别分布在北部和南部。两种体色的雌蛛体长 8~12 毫米，腹部有光泽的黑色圆形小球，在底侧具有特征性的沙漏标记，在纺器处具有红色标记。北部的寇珠通常在背部还有一排红色斑点。雄蛛小得多，对人类没有危险。

这种蜘蛛是球腹蛛科的一员，网呈现典型的凌乱状，但在上方有一个特征性的圆锥形区域，蜘蛛在白天藏匿或在受到干扰时撤退至其中。

家幽灵蛛（*Pholcus phalangioides*）

Pholcus 来自希腊语，意为“斜眼的”；*phalangioides* 来自希腊语，意为“手指”

如果有哪种蜘蛛可以被称为“国际蜘蛛”，那么它一定是家幽灵蛛。这种蜘蛛遍布世界各地，包括欧洲、北美和澳大利亚。实际上，它几乎可以在任何温暖的地方生存和繁殖。它可能很常见，也很普遍，但是正如我们将要看到的那样，这种蜘蛛一点也不迟钝。

不幸的是，它的英文名很容易引起误解，因为这种蜘蛛与大蚊和盲蛛看起来很像。由于“地窖蜘蛛”这个俗名也已被不同科的另一种蜘蛛使用了，所以如果不使用学名，我们会感到非常混乱！

这种蜘蛛属于幽灵蛛属，它与我们共享住所，喜欢不受干扰的地方，例如地窖、闲置的房间、角落和缝隙，尤其是在天花板的角落，那里不太可能被吸尘器吸走。这些地方通常离水很远，因此这种蜘蛛可以长期生存在没有水的地方。

家幽灵蛛是一种非常谨慎的蜘蛛。除了太饿之外，它总喜欢在房间的角落里保持静止，以免被察觉。不幸的是，它的网通常呈细线脚手架状，往往会由于灰尘的堆积而逐渐变得显眼，最终蜘蛛与网会一起被细心的管家破坏。与通常的慵懒状态相反，在受到干扰时，它会变得非常机敏，在网中迅速摇晃，使人难以看清，这是一种新颖的以智取胜的战术。

幽灵蛛采取的狩猎策略特别有趣。它可能连续几天都保持静止不动，直到猎物到来。这种天性实在令人惊讶。

这种看起来很脆弱的蜘蛛专门吃其他蜘蛛，甚至吃比自己更大的蜘蛛，例如吓人的居家蜘蛛隅蛛。在北美，它甚至可以杀死致命的黑寡妇！当然，它也很乐意捕食苍蝇和其他昆虫，所以它是一位需要被鼓励的客人，

◂ 家幽灵蛛在典型的居家栖息地。
▸ 家幽灵蛛与被抓住的居家蜘蛛。

家幽灵蛛与新孵出的小蜘蛛。

而不是需要被消灭的入侵者。在这种蜘蛛遇到强大的猎物之前，步足较长的优势并不明显。它从纺器上拉出丝线，从远处投向入侵者，以远离潜在的危险。一旦猎物丧失行为能力，幽灵蛛就会冒险以足够近的距离用很小的螯肢咬伤猎物，并注入少量的强效毒液。在冬天，当合适的食物稀缺时，这种蜘蛛会变得活跃起来，在房子附近徘徊狩猎。即使它们很难找到猎物，这些勇猛的生物也不会攻击自己的同类。

所有蜘蛛的求爱和交配习惯对我们来说似乎都是令人困惑的，幽灵蛛的习俗和交配习惯也是如此。像许多蜘蛛一样，在交配之前，雄蛛会将一小撮精子滴在一小片蛛网上，用螯肢将其捡起，然后吸入触肢的特殊腔内。从那里精子被输送到雌蛛的外雌器上，并在外雌器里储存至雌蛛产卵。

被蛛丝环绕捆绑在一起的卵会被螯肢运送到四周，经过两三周后孵化。小蜘蛛会像晾衣绳上的衣服一样，一动不动地挂大约10天，然后才冒险出去谋生。

西蒙滑舞蛛悬挂在它那凌乱的网的平面上。

西蒙滑舞蛛（*Psilochorus simoni*）

Psilochorus 来自希腊语 *psilo*，意为“平滑”，*chorus* 意为“舞蹈”

最近，另一种来自不同属的幽灵蛛——西蒙滑舞蛛被引入了英国。以往它通常在酒窖中被发现，但如今它在一些温室和花园里都可以大量地繁殖。它比家幽灵蛛小，并且编织的圆顶状网看起来更整齐。北美拥有许多相似的本地物种。

芦苇卷叶蛛（左）及其特征性的缠结网（右）。

芦苇卷叶蛛（*Dictynaarundinacea*）

Dictyna 来自希腊语，意为“狩猎网”；*arundinacea* 来自拉丁语，意为“芦苇”

这种长约 3.5 毫米的蜘蛛在北美和整个欧洲都有分布，但并不常见。使用手持放大镜仔细观察，便能发现这种可爱的、呈天鹅绒般棕色的蜘蛛。人们经常发现雄蛛和雌蛛共享一张网，并一起狩猎。

秋天的清晨，在宽阔的道路边缘或原始的牧场附近漫步时，是寻找活动的芦苇卷叶蛛的最佳时机。这时，那些没有生气的网会变得活跃起来。秋天的薄雾和柔和的背景光，使每一个小网看起来闪闪发光，就像一簇簇的仙女灯。

三角皿蛛的典型姿势。

三角皿蛛（*Linyphia triangularis*）

Linyphia 来自希腊语，意为“编织”；*triangleis* 来自拉丁语，意为“三角形的”

三角皿蛛长约 6 毫米，是庞大的皿蛛科中最大的蜘蛛之一。它也是夏末和秋季英国数量最多的蜘蛛之一，几乎可以在任何足以搭建大型蛛网的灌木丛中找到的它。

三角皿蛛是这科中为数不多的几种成员之一，因为它在腹部具有明显的标记，因此在野外很容易识别。从侧面观察，这种褐色蜘蛛具有驼背的外观，腹部两侧具有明显的黑白色斜条纹。而从顶部观察时，你会发现一个典型的深色叉状标记。雄蛛具有较长且分散的螯肢，经常潜伏在背景中。

像其他同一个科的大多数蜘蛛一样，三角皿蛛倒挂在片状网的底部，等待昆虫在撞击纵横交错的上部网后，翻滚到底部，然后再立刻冲过去，通过网叮咬猎物，并将其拖下来。尽管在整个欧洲都盛产片网蜘蛛，但在北美却找不到它们。

山毛榉树干上的“隐形的”蜘蛛。

群居珑蛛（*Drapetisca socialis*）

Drapetisca 来自希腊语，意为“小而难捕捉之物”；*socialis* 源自拉丁语，意为“一起生活”

群居珑蛛，是另一种皿蛛，它们特别有趣，会在群体中度过一生，并以一种极具特征性的方式在树干（通常是山毛榉）上忽而停止，忽而高速移动，以寻找蚜虫和其他小昆虫。这种蜘蛛非常善于伪装，除非移动，否则它几乎是不可见的。

尽管这里将其归类为片状网蜘蛛，但不久前人们还曾认为这种蜘蛛完全不结网。现在我们知道实际上它的网非常细，而且靠近树皮，除非光线以正确的角度照在上面，否则网是不可见的。尽管看起来似乎紧贴树木表面，但实际上蜘蛛的八条步足都与细密的网状细线接触——这可以在其中一张照片中找到。

对大多数人来说，皿蛛科看起来很小而且迟钝，但群居珑蛛却是一个例外，它具有微小且颜色各异的腹部，只有放大后才能看到。它在英国和北欧广泛分布，在北美有两个类似种。

➤ 背光时，从低视角才能看到支撑小蜘蛛的网。

8 管网类蜘蛛

在蜘蛛世界里有这样一个特殊类群，它们会建造漏斗状的网。这是一种特殊类型的网，主要包括两部分：管状庇护所和敞开的皿网。该类群中有些常见种类常常分布在我们房前屋后，如漏斗蛛科的隅蛛属蜘蛛会建造比较简单的漏斗网，而该科的漏斗蛛属蜘蛛则会建造如同迷宫一样复杂的漏斗网：竖直的管网庇护所和宽大的皿网（用于困捕跳跃或飞行类猎物）。一旦蜘蛛感受到皿网的振动就会迅速冲出庇护所，捆绑受困的猎物，然后快速拖入庇护所美美地享用。除漏斗科外，暗蛛科的暗蛛属和类石蛛科的类石蛛属也建造漏斗网，而它们通常会选择将管状庇护所建在墙缝或树皮下，洞口设有乱网或发散的蛛丝用于诱捕猎物。它们通常耐心地躲在洞内等待猎物上钩，待猎物上钩后再以光一般的速度冲出。管网类蜘蛛通常是夜行性生物，主要在夜间进行捕食。

管网蛛包括的一些科

漏斗蛛科（Agelenidae）蜘蛛应该是该类群主要的成员。该科蜘蛛以步足具有羽状毛、后侧纺器超长而闻名。它们选择将管状庇护所建在隐蔽的地方，与管网口相连的片网扁平而宽大，用于捕获猎物，整个漏斗网通常是没有黏性的。当昆虫不小心撞到网上时，蜘蛛会以迅雷不及掩耳之势冲出庇护所，迅速将猎物带入巢内。漏斗蛛科有些非常大型的种类经常选择在房屋的黑暗角落里安家，经常引起房屋主人的极度惊恐。漏斗蛛科大部分种类都是夜行性的，但是也有些个体会在白天捕食和运动。根据目前的数据，北美有 81 种，北欧有 11 种漏斗蛛科蜘蛛。

◄ 家隅蛛（*Tegenaria domestica*）及其猎物。

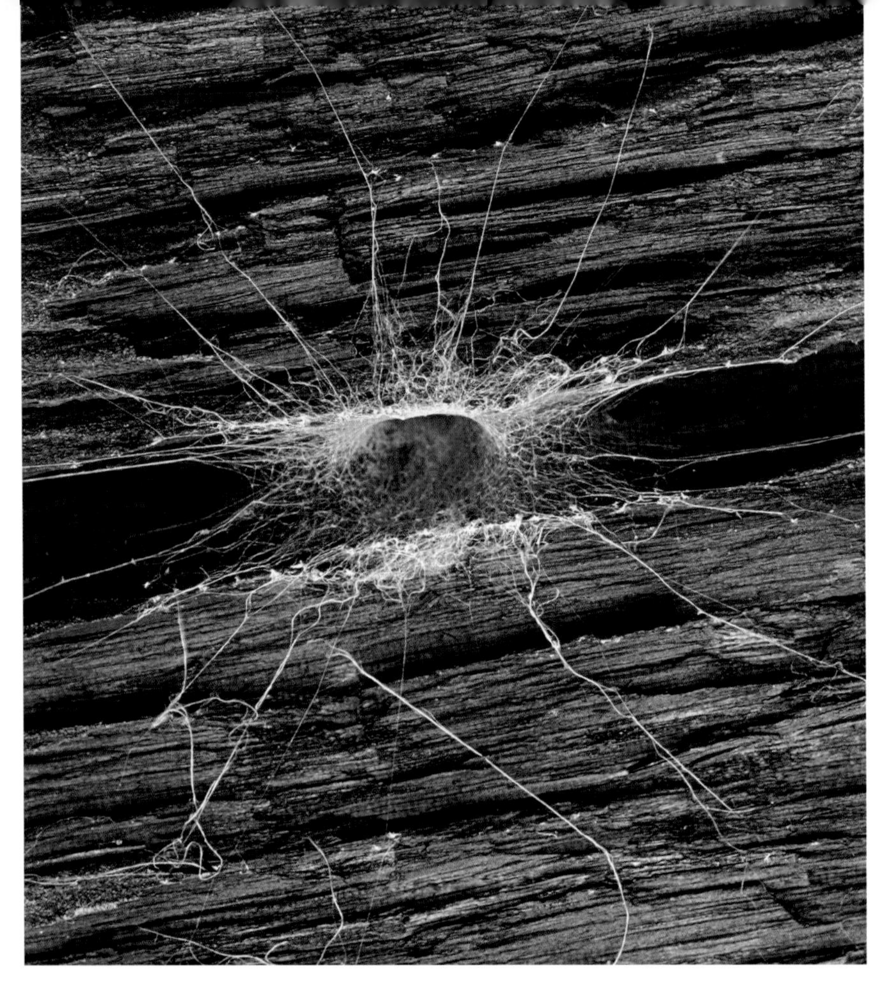

类石蛛管道的入口具有特别的放射状绊线。

暗蛛科（Amaurobidiidae）蜘蛛通常编织网眼或蕾丝网状片网，主要栖息在地面上、岩石缝或建筑物缝隙中、枯树皮或石块下，以及洞穴之中。大部分暗蛛属为筛器类蜘蛛，通常编织淡蓝色的筛器类网，网的周围连接有多条放射丝，网的后方连接管状庇护所，主要用来隐藏、休息和逃跑。北美已记录 97 种，北欧 5 种。

类石蛛科（Segestriidae）蜘蛛身体呈长管状，也经常称为管状网蜘蛛。该科蜘蛛通常编织又长又窄的精致丝管，丝管入口处装备有敏锐的辐射状信号线，主要用于感知猎物或天敌。这些管状的休息室的入口周围有精致的织带，并配备着向外辐射的信号线。由于终生生活在狭小的空间内，类石蛛的一对前足通常向前伸展，后三对步足向后伸展。在等待猎物或休息时，蜘蛛将第一对步足向前伸展到入口边

家隅蛛潜伏在它的漏斗网中。

缘。一旦有猎物触碰到信号线，就会有另两对步足迅速向前延伸至信号丝网上，通过短暂停留来感知猎物的方向，然后蜘蛛便会迅速出击对猎物进行致命一击。所以当猎物是蜜蜂或黄蜂等具有潜在危险的昆虫时，一般是无法伤害到蜘蛛的。类石蛛会把猎物拖回到 C 状管网庇护所的中部慢慢享用，这种特殊的形状可以使蜘蛛在享用猎物时远离庇护所的两端。类石蛛科与石蛛科蜘蛛亲缘关系较近，两个科的蜘蛛都只有 6 只眼睛，而大部分蜘蛛均有 8 只眼睛。目前北美已记录到 7 种石蛛科蜘蛛，北欧则是 3 种。

狒蛛科（Theraphosidae）蜘蛛密生细毛，外形可爱，是中到大型的蜘蛛，通常生活于热带地区，因其可以捕食鸟类，也通常被称为捕鸟蛛。然而，由于它的种类不多、穴居生活不易被发现，所以到目前为止，欧洲仅在西班牙报道过一种捕鸟蛛，而在美国也只是南部温带地区报道过几种。尽管捕鸟蛛体型庞大，给人印象深刻，但是对它们的捕食方式和生活史研究得还相对较少。捕鸟蛛被认为是世界上最大的蜘蛛，但是它的毒性并不大，除了少数几种具有潜在的危险外，大部分捕鸟蛛都是非常温顺的，即便你被咬到，也只是略感疼痛而已，甚至还比不上普通的蜜蜂蜇刺。捕鸟蛛通常穴居于地表，洞穴内铺满蛛网，便于蜘蛛上下攀爬，它们经常白天在洞内休息，晚上在洞口捕猎。它们很少离开自己的洞穴，但是雄蛛在交配季节会游猎寻找雌蛛交配。很多捕鸟蛛的洞口附近也具有放射状信号丝，用于侦察附近通过的猎物，该丝被认为是蜘蛛目最早进化出的捕获丝。

一只雄性家隅蛛掉入了浴缸“陷阱”中。

家隅蛛（*Tegenaria domestica*）

Tegenaria 来自拉丁文 teges，意为“暗淡的”，*domestica* 来自拉丁文，意为“家里的”，种名意指“家里的片状网”

在分布于北欧和北美的蜘蛛家族中，家隅蛛肯定是被蜘蛛恐惧症患者责骂最多的一个。这个成员是漏斗蛛科的一个种，体型庞大、体色暗黑且毛茸茸的，运动敏捷，快如闪电。我个人其实对这个成员还是有点儿恐惧的，因为我在 4 岁的时候被它咬过一次，虽然仅仅像针扎了一下而已。

有趣的是，我认识 3 位著名的蛛形学家，他们竟然也对这种蜘蛛心存恐惧。有意思的是，蜘蛛越大，耐力越差。一只完全成熟的家隅蛛以最快的速度奔跑，只能持续 20 秒就会精疲力竭，几乎崩溃。相比之下，一些小蜘蛛则可以持续行进好几个小时。这是因为蜘蛛的呼吸系统不足以支持其各个组织在高速状态下超负荷耗氧。

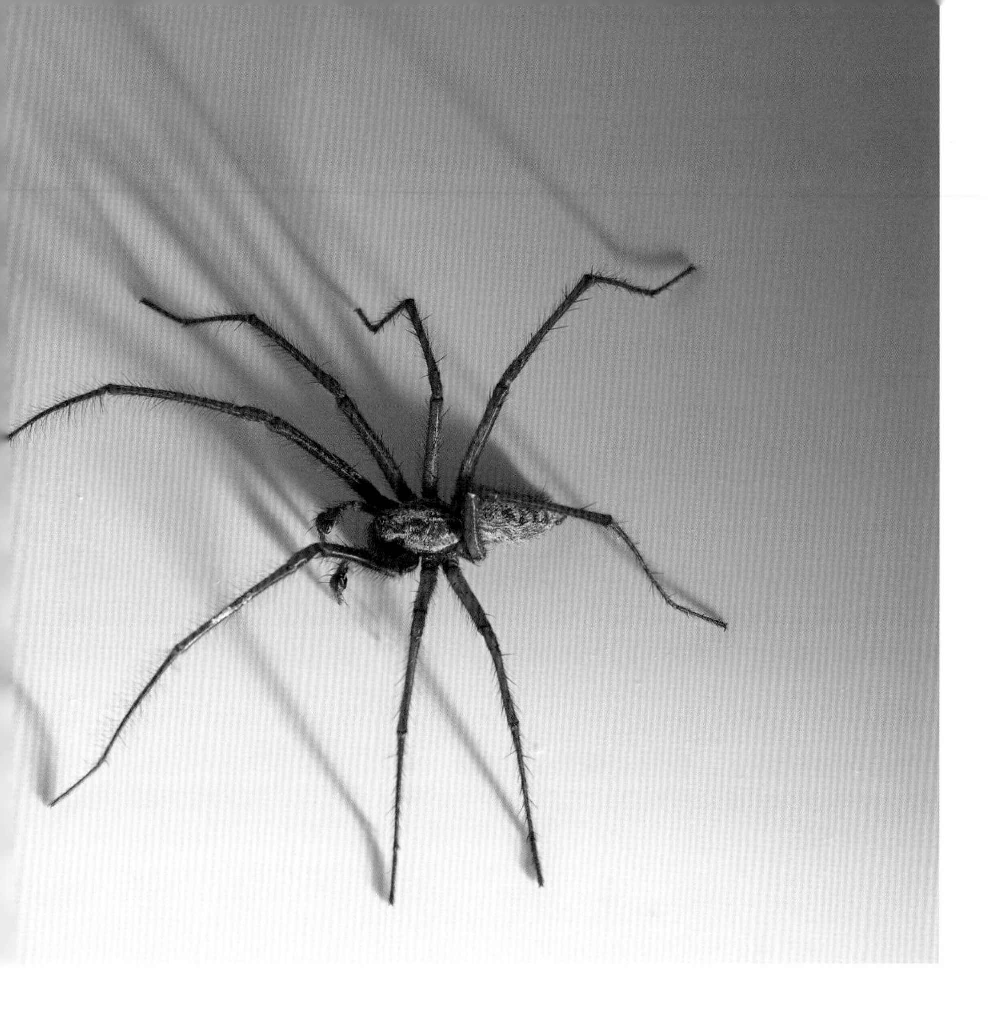

在北欧，类似家隅蛛这样被称为“家蛛”的蜘蛛有 11 种，但是仅仅有两三种会经常生活在人类家中。它们大部分时间都静悄悄地待在网上，只有秋天到来时，你才会偶尔发现有些蜘蛛在地毯上快速奔跑，这很可能是家隅蛛的雄蛛正在寻找雌蛛交配。剩下的七八种“家蛛”则经常生活在房前屋后的石块下、枯树干里或者茂密的枯草丛中，它们大部分个体都比家隅蛛要小。

然而，壁隅蛛（*Tegenaria parie-tina*）是一个例外，它是一种相当恐怖的大蜘蛛。雌蛛体长可达 20 毫米，步足展开跨度可达 10 厘米。但幸运的是，它很少进入室内，更喜欢住在一些破旧废弃房子的外面。像漏斗家族中的其他成员一样，这种蜘蛛编织的片状网很大，后部连接着管状庇护所。它们通常喜欢将网建在黑暗的、尘土飞扬的角落，躲在那里静待猎物上网。

迷宫漏斗蛛正在捕食一只蝴蝶。

迷宫漏斗蛛（*Agelena labyrinthica*）

Agelena 来自希腊语，意为“漏斗状的”，*labyrinthica* 也来自希腊语，意为“迷宫状的”

迷宫漏斗蛛，就像它的近亲家隅蛛一样，大部分时间都隐居在管状庇护所的入口或里面，只有在猎物被困或交配时才会出现在其展开的片状网上。

迷宫漏斗蛛的片状网在 7、8 月时通常大片大片地出现在草丛或小灌木丛中，场面极为壮观。蛛网乍一看貌似杂乱无章，实则编织得相当精妙，虽然不黏，但是蛛网上部浓密的脚手架状丝线能够非常有效地捕杀飞虫、跳虫等猎物，并将它们敲落在下面的片状网上。片网的边缘像吊床一样向上倾斜，引导猎物落入网的中心。更为神奇的是，蜘蛛本身像安装了导航仪似的，能够以闪电般的速度穿过迷宫般的蛛网去对付落网的昆虫。它左摇右晃地穿过迷宫，就像在糖浆里跋涉一样。在给猎物注入毒液并使其麻醉之后，它会迅速拖着猎物进入庇护所慢慢享用。

雌雄蛛交配是在网上进行的，交配完之后，雄蛛被允许和雌蛛待在同一个网上，直到老死。最后，在 8 月，当雌蛛准备好产卵时，它就会在蛛网的附近编织一个新家。这个新家更加复杂，包括更多的迷宫。幼蛛孵化，蛛妈妈会和它们一直待在这个网上，直到蛛妈妈也老死。

迷宫漏斗蛛在北欧普遍存在，在英格兰南部也很常见，但是不在苏格兰分布。在北美与迷宫漏斗蛛类似的一类漏斗蛛被俗称为草蜘蛛。

➤ 迷宫漏斗蛛网。

近似暗蛛（*Amaurobius similis*）

Amaurobius 来自希腊语，意为“暗的”；*similis* 来自拉丁语，意为“相似的”

近似暗蛛正在将鼠妇拖入管网内。

近似暗蛛属于暗蛛属蜘蛛，如果你对它们还不是很熟悉，那么就去最近的栅栏周围或者破旧的墙边转一转，寻找那些圆形的管状庇护所，那里的四周围绕着杂乱无章的网状网，这就是典型的暗蛛属蜘蛛编织的网。如果蛛网足够新鲜，它通常呈蓝色，具有蕾丝状的网格。除此之外，暗蛛还喜欢栖息在其他阴暗的地方，如地下室、石头或枯树的裂缝处。

如果你想看一眼这只黑色蜘蛛或观察一下它的狩猎技巧，最好的办法是在晚上带上手电筒和音叉，找到它的蛛网，用音叉轻轻触碰蛛网。这会立即引起潜伏在里面的暗蛛的快速反应，它们会从庇护所里跳出来进而调查入侵者，甚至可能会用锋利的螯牙抓住音叉。暗蛛的腹部通常具有一些骷髅头状的斑纹，因此如果暗蛛突然从庇护所跳出来，还是会让人吓一跳。

虽然暗蛛属蜘蛛基本上都是夜间活动的，但它会在白天或晚上的任何时候捕食猎物，然后将受害者拖进巢穴。猎物可能是任何不幸绊倒在蛛网上的苍蝇、蠼螋或飞蛾等昆虫。我曾经碰巧碰到过一只黄蜂掉入蛛网，正是因为它疯狂地发出嗡嗡声想逃走才引起了我的注意。

暗蛛属蜘蛛除了体色暗黑等常见特征外，通常还可以根据头胸部特征来鉴别。该属蜘蛛头胸部前端暗黑、有光泽且突起，与苍白的头胸部后端区域形成鲜明的对比。当然，如果你足够的勇敢，可以用放大镜仔细观察手中的样本，你会发现暗蛛属蜘蛛具有一个特殊的筛器和栉器。筛器位于前纺器的前端；栉器为蜘蛛第四对步足的梳状毛刷，筛器上的丝由栉器纺出。

到了夏末，雄性暗蛛就成熟了。这时，它们会从网里溜走寻找配偶。北欧有 5 种暗蛛属蜘蛛。北美也有多种暗蛛属蜘蛛，其中近似暗蛛（*A. similis*）是北美的广布种。

◄ 战斗暗蛛夜间在洞穴附近狩猎。

管网蛛快速返回洞穴导致身体极度扭转。

管网蜘蛛（*Segestria florentina*）

Segestria 来自拉丁文 seges，意为“玉米地”，但因其与石蛛科蜘蛛比较类似，所以常被称为“类石蛛”

管网蜘蛛应该算是北欧最吓人的蜘蛛之一，是类石蛛科的一种夜行蜘蛛。它体型巨大，体长可达 24 毫米，比我们常见的最大的家蛛还要长几毫米。

类石蛛属蜘蛛只有 6 只眼睛，在北欧仅记录了 3 种，管网蜘蛛算是其中最令人印象深刻的一种。它通常在废旧的墙壁和枯树的洞或缝隙中编织精致的管网，并从入口放射出十几条坚韧的“钓鱼线”。如果你想瞥一眼这种可怕的生物，一种方法就是用一片草叶轻轻地划过其中一条“钓鱼线”，你会发现鱼线主人会以惊人的速度飞奔而出，张开绿色的螯肢，然后再迅速退回洞中。这个动作实在太快了，你几乎不可能看清蜘蛛到底长什么样。高速拍摄是一种可能的观察方式，但是即使将快门速度设置为 1/3000 秒也无法拍摄出整个移动过程。

当然，如果你足够的勇敢，还有另一种观察方法，那就是在它返回之前用棍子堵住它的洞口，但要做到这一点，需要非常迅速的反应和大无畏的精神。如果你成功了，这只凶猛的蜘蛛会猛烈地咬住障碍物，试图重新进入。我不介意承认，我的神经已经

管网蛛在洞口狩猎。

很难承受获取这张照片的压力，更不用说堵住它的入口了！当然，我敢保证任何触碰其中一条“钓鱼线”的猎物都会受到惊吓。

这种蜘蛛很可能是在几百年前，不经意间被往来的船只从南欧带到英国的。它在布里斯托尔（Bristol）、埃克塞特（Exeter）和伦敦（London）等一些古老港口附近均有分布。管网蜘蛛广泛分布于整个南欧；在北美，类石蛛科的种类主要集中在垣蛛属（*Ariadna*）和类石蛛属（*Segestria*）两个属。

墨西哥红膝正在抖动它的毛。

墨西哥红尾（*Brachypelma vagans*）、墨西哥红膝（*B. smithi*）

Brachypelma 来自希腊语，意为“短毛刷的”；*vagans* 来自拉丁语，意为“漫游的”

墨西哥红尾属于蜘蛛目原蛛下目，该下目包括 16 个科。它可长达 75 毫米，整体呈黑色，腹部密布红色绒毛。它对栖息地的要求相对不是很严格，从中美洲和南美洲的热带雨林到美国佛罗里达州的半干旱岩石和灌木丛都有分布。像大多数的原蛛下目蜘蛛一样，墨西哥红尾也是夜行性的，白天待在地下洞穴里，晚上出现在地上，以地面生活的节肢动物为食，偶尔也会捕食一些小型脊椎动物。

包括墨西哥红尾在内的许多新大陆捕鸟蛛，都能利用后两对步足踢掉腹部末端的毛刺来抵御天敌。这一特点在我拍摄墨西哥红膝的时候特别明显，从照片中可以看到它的毛刺四处扩散。这些毛刺对皮肤，特别是黏膜上皮有较强的刺激性，如果它们进入眼睛，可能会导致攻击者暂时失明，甚至永久失明。墨西哥红膝比墨西哥红尾体型上要更大一点儿，在美国没有分布。不幸的是，这种蜘蛛因为宠物交易的过度捕捉而受到威胁，所以如果你实在想养一只捕鸟蛛当宠物，那么请一定要确保它不是从野外获取的，而是室内圈养繁殖的。

◀ 墨西哥红尾。

9 奇特捕食者

除了前面介绍的这几类蜘蛛捕食行为外，还有很多其他特殊类群的蜘蛛，它们的捕食行为非常独特，目前还没有一个科学的方法将这些蜘蛛进行分组。我们在这里称它们为“奇特捕食者”。这些不寻常的蜘蛛来自不同的科，不适合前面的蜘蛛捕食分类中的任何一类。它们有一个共同特点就是：都利用非常规的方法来发现和捕获猎物。

其中许多蜘蛛利用某种形式的蛛网，而另一些则没有，但无论它们的技术如何，导致它们目前生活方式的演化路径都是令人着迷的。

具有奇特捕食行为的蜘蛛

很少有蜘蛛比地蛛科（Atypidae）蜘蛛伏击猎物的方式更惊人的了。它们个体大而肥，隶属于原蛛下目，与捕鸟蛛亲缘关系较近。它们长期生活于地下，从地下洞穴中延伸出一个长筒袜状的管子，管子末端封闭。有些种类会将管子延伸到树干或灌木的底部，但是所有物种都依靠管网传播的振动来探测猎物。这类蜘蛛在北欧只有 2 种，而在北美有 8 种。

隆头蛛科（Eresidae）蜘蛛身体光滑柔软、体型类似捕鸟蛛，也是一类在地下生活的蜘蛛，有时会将一张粗糙的筛网从洞口延伸出来，蛛形学家对这类神秘的蜘蛛知之甚少。

盗蛛科（Pisauridae）蜘蛛通常也被称为育儿网蛛，主要生活在潮湿的地方。盗蛛科狡蛛属（*Dolomedes*）蜘蛛通常生活于水边，高度适应于各种特定的湿地类型。它们之所以与众不同，是因为采用了半水栖的生活方式，在水上及其周围的植被中狩猎。它们被称为木筏蜘蛛或捕鱼蜘蛛，以其迷人的外表和独特的生活方式而著称，可以称得上北欧和北美最大、最英俊、

◄ 盗蛛科木筏蜘蛛正在捕食棘背鱼。

地蛛科囊网蛛正在捕食鼠妇，图片显示了两个锋利的螯牙穿过囊袋。

最令人印象深刻的蜘蛛之一。

水蛛科（Argyronetidae）蜘蛛俗称水蛛或软蛛，该科只有一个物种，但绝对称得上蜘蛛中的异类，它们是蜘蛛目中唯一一种能够完全生活于水中的蜘蛛。然而，科学家对该物种的分类学地位一直颇有争议，也有人认为应放置在卷叶蛛科（Dictynidae）。

花皮蛛科（Scytodidae）蜘蛛俗称“口水蛛”，可以说很少有蜘蛛在长相和捕食方式上比花皮蛛更怪异的了。花皮蛛头胸甲光滑，看上去像一个巨大的大理石穹顶，步足纤细而灵活，仅6眼且分3组，每组2只。这些独有的特征让人们在野外一眼便能将其辨出。除此之外，花皮蛛还有一个与众不同的捕食本领：它们能从其独特的螯牙里喷出带毒的“口水”。这是一种黏稠的胶状物，可以用来捕获猎物。最为人们熟悉的花皮蛛要属胸板花皮蛛（*S. thoracica*），它在世界范围内广泛分布。除了这个种外，北美还分布有其他6种花皮蛛。

如果有一个蜘蛛家族可以被描述为披着狼皮的绵羊，那么一定是拟态蛛科（Mimetidae）的蜘蛛，俗称“海盗蛛”。谁会想到，这群表面上普普通通的小蜘蛛却过着捕食同类的残忍生活？当然，它们也不是蜘蛛世界里单调的无名小卒，我们在放大镜下可以观察到拟态蛛身体呈浅黄色，通常具棕色或黑色的精致图案。海盗蛛的显著特征是前侧步足具有异常显著而整齐排列的长刺，长刺之间通常还有一些短刺。

去除囊袋的雌性囊网蛛，图片显示出其庞大的竖直排列的原蛛亚目螯肢。

囊网蛛（*Atypus affinis*）

Atypus 来自希腊语，意为“畸形的”；*affinis* 来自拉丁语，意为“关系”

地蛛科的蜘蛛不是很常见，它们对生境的要求相对比较挑剔。有些物种仅生存在少数相对比较理想的草丛中，通常分布于英格兰南部和欧洲北部，如丘陵地带没有遮阳的山坡南侧。它们整个生命阶段都在地下 15~25 厘米的洞穴中度过。只有在寻找配偶时，雄蛛才会出现在户外。为了拍照，插图中的这只雌蛛被我小心地从地下管道中取出（当然，在拍照后又恢复了原状）。

地蛛属蜘蛛用以下有趣的方式诱捕猎物：首先，蜘蛛用蛛丝编织出丝管，丝管的一部分位于地下，地上部分看上去像一个塞满了东西的袜子，通常被枯枝落叶和土壤所掩盖，隐蔽性极强，以致人们很难找到它的家，这也是该科蜘蛛如此罕见的主要原因；接着，地蛛会在丝管中耐心地等待一些昆虫在洞口顶部游走，一旦感觉到任何风吹草动，就会沿着管子爬出来，并以巨大的螯牙穿过丝管，刺穿不幸的受害者。我们可以从照片中清楚地看到，蜘蛛从下面穿过管网的攻击就像鲨鱼一样迅猛；最后，一旦受害者不再动弹，它就会用其螯肢上的锯齿在洞口顶端切一个洞，将猎物拖入管内慢慢享用。地蛛在适当的时候，会修复破坏的洞口，为下一次进餐做好准备。

雌性瓢虫蛛正在利用第一对步足抓捕猎物，其他三对强壮的步足则将蜘蛛和猎物拉入地下庇护所。

瓢虫蛛（*Eresus cinnaberinus*）

Eresus 来自希腊语，意为“季节”；*cinnaberinus* 来自拉丁语，意为“朱红色”

草隆头蛛（*Eresus cinnaberinus*），俗称“瓢虫蛛”。这种巨大、柔软、密生绒毛的黑蜘蛛是在英国和欧洲发现的最为稀有的蜘蛛，同时也可能是最令人印象深刻的蜘蛛之一。在1979年科学家发现两只雄性瓢虫蛛之前，它们曾一度被认为已经灭绝。在英国，这种瓢虫蛛仅生活在多塞特－希思兰（Dorset heathland）南面的一小块“秘密”地带。本书中的这只雌蛛就是在那里被拍到的。

瓢虫蛛之所以有这样的名字，是因为该种的雄蛛异常英俊，鲜红色的身体上点缀着4个黑点，深红色的步足上还布有白斑。不幸的是，雄蛛仅在春天交配的季节里才会出洞几天，四处游荡寻找配偶。

这只全身乌黑的雌蛛会挖一个大约7.5厘米深的洞，并用蛛丝在洞上画线。洞穴的一侧通过向上和向外延伸的蛛丝形成屋顶，而另外几股坚硬的锯齿状蛛丝则分离出来，附着在周围的石楠花上，最终形成一个整体。雌蛛潜伏在网片下面，伺机攻击甲虫和其他被蛛网抓住或绊倒的大型昆虫。它们通常会向上穿过网片攻击猎物，并最终将其拖进洞穴。雌蛛很少离开蛛网的保护，但是可能会在攻击附近的昆虫时现身。

➤ 雄性瓢虫蛛正在石楠上寻找配偶。

捕鱼蛛正在池塘水面上静待，周围是泥炭藓。

木筏蜘蛛或捕鱼蜘蛛（*Dolomedes fimbriatus*）

Dolomedes 来自拉丁语，意为“指定人员”；*fimbriatus* 来自拉丁语，意为“腹部图案”

这类蜘蛛隶属于盗蛛科（Pisauridae），该科中最出名的要属狡蛛属（*Dolomedes*）了。该属在世界范围内广泛分布，包含很多有趣的物种。它们外表漂亮而独特，生活史令人印象深刻。北美分布有 10 种左右的狡蛛，其中最著名的是特里同狡蛛（*Dolomedes triton*），它与欧洲分布的伞毛狡蛛（*Dolomedes fimbriatus*）非常相似。狡蛛属（*Dolomedes*）与盗蛛属（*Pisaura*）、盗猎蛛属（*Pisaurina*）亲缘关系较近，同样擅长于白天捕食，都被称为育网蛛（盗蛛科）。鉴于它的捕食方式十分有趣，故将其放在这一章进行重点介绍。

狡蛛属蜘蛛主要分布于潮湿的酸性沼泽地和荒野的水池边。伞毛狡蛛肥大的身体呈巧克力色，其中布有奶油色条纹，步足粗壮，看上去非常令人印象深刻。图中的雌蛛标本体长 26 毫米，可能算得上是英国有史以来最大的蜘蛛标本之一！狡蛛通常直接趴在水面上，有时也会躲在水面边缘

处，在苔藓或树叶组成的天然筏上静止不动，并将前两对步足搁在水面上。通过这种方式它可以探测到附近由昆虫、蝌蚪或水面下移动的小鱼引起的轻微波纹或振动，然后将猎物拖离水面并吞食。据记录，这种蜘蛛还会用步足末端轻拍水面，吸引水下的鱼，故称为“钓鱼蛛”。并且它们还经常会在水面上横穿一段距离，以扑向一只意外掉进水里的昆虫。当受到惊吓时，狡蛛有时会潜入水下，消失在草茎中，并且通常可以在水下待上1小时。

和它陆地上的表姐妹一样，狡蛛也在卵囊周围编织了一个大型的蛛丝帐篷，以保护自己的卵免受附近危险的袭击。孵化后，幼蛛会分散开来，经常离开水体，到周围灌木丛中更高、更干燥的地方去。欧洲分布有两种木筏蜘蛛：伞毛狡蛛和植栖狡蛛（*Dolomedes plantarius*），后者在英国非常罕见，并被列入英国濒危物种名单而受到法律保护。尽管木筏蜘蛛在欧洲很普遍，但它们的分布却非常局限。在北美，该属主要分布在东部地区。

水蛛正在享用水虱。

水蛛（*Argyroneta aquatica*）

Argyroneta 来自希腊语，意为“银网”，*aquatica* 来自拉丁语，意为“水生的”

众所周知，水蛛是世界上唯一一种几乎一生都生活在水下的蜘蛛。在这里，如果幸运的话，你可以看到蜘蛛在草丛中追逐水生生物，像一个闪闪发光的水银球。

水蛛的捕猎都是在水下进行的，它通过腹部绒毛收集气泡从而获取氧气。为了提高水下灵活性，水蛛后两对步足都密生有细细的绒毛，可以具有船桨一样的功能，这一特性使我们甚至可以鉴定那些小而不成熟的标本。水蛛个体较大，雄蛛可长达 20 毫米。这在蜘蛛中并不常见，因为雌蛛几乎总是比雄蛛还要大。

水蛛会在水下建造一个潜钟状空气庇护所，由一个弯曲的蛛丝平台固定于水草中。蜘蛛往返于水面与庇护所之间，通过气泡将氧气带入庇护所内。一旦气钟被填满，绿色植物就可以通过水和气泡将氧气扩散到气钟里，从而维持气钟内部的氧气平衡，同时二氧化碳也会扩散到周围的水体中。水蛛的大部分活动都在气钟内进行，包括交配、产卵和捕食。幼蛛不会制造空气钟，而是借助空的蜗牛壳，把里面装满空气。水蛛更喜欢生活在静止或流动缓慢的水中，并且遍布英国和北欧。它们通常呈聚集性分布，一旦该区域发现有水蛛，往往就会发现很多只。北美没有水蛛分布。

水蛛及其空气钟。

花皮蛛在镀金的相框上捕食。

花皮蛛（*Scytodes thoracica*）

Scytodes 来自希腊语，意为“大理石”；*thoracica* 来自希腊语，意为“胸部”

这种奇异的蜘蛛直到 1816 年才在英国被发现。在接下来的 120 年里，只有 6 个样本被发现，全部集中在英国南部几个郡。从 1936 年后，这种花皮蛛逐渐扩散到英国中部地区，而且可能还在继续扩散。几乎可以肯定的是，它应该是从欧洲较温暖的地区入侵而来的。在英国，它只能生存于室内，尤其是一些旧房子中，可能是与一些旧家具一同进屋的。在世界上许多地方，包括北美，都可以找到花皮蛛。只要天气足够暖和，一年中的任何时候都可以看到它们。

花皮蛛真正令人惊讶的是它独特的捕猎方式。随着夜幕降临，花皮蛛会从白天躲避的画框和家具后面走出来，以其特有的缓慢而有节制的步伐在墙壁上散步。当它与猎物相距约 10 毫米时，你肉眼能看到的只是花皮蛛忽然一个快速冲击，然后看到一只挣扎的昆虫。仔细一看，猎物的身体两侧有 10~20 条黏稠的丝线，呈锯齿状缠绕着它，就像格列佛访问小人国时被捆绑着一样。这个动作实在太快，肉眼根本看不清。即使在显微镜下，如果没有特殊的光线也很难分辨出捆绑在昆虫上的蛛丝。

执行这个动作的关键在于花皮蛛圆顶状头胸甲下面的两个巨大的腺体，一个分泌毒液，另一个分泌黏性物质。它们通过导管连接到每个螯牙的尖孔。螯牙同时迅速左右摆动，形成一个可控的喷射器，随着肌肉的突然收缩，黏性物质和毒液会在压力下通过螯牙排出。

猎杀成功后，花皮蛛就可以悠闲地处理受害者，而无须像其他蜘蛛那样将猎物用蛛丝包裹起来。经过一连串的刺咬，挣扎的昆虫被制服了，然后蜘蛛再将猎物从黏糊糊的口水包裹物中拽出来。一旦消化液被注入昆虫体内，其内容物就可以被吸出，最后只剩下一个完好无损的空壳。

花皮蛛的喷射技术使其可以防御比自身更大的天敌，如幽灵蛛属蜘蛛（*Pholcus*）。这种独特的能力，再加上花皮蛛能够在一些更大、更具攻击性的蜘蛛的丝上悄悄地移动，确保了其在某些危险情况下能够安全逃离。冬季没有足够的食物时，花皮蛛会隐藏在缝隙中。花皮蛛的寿命很长，成年需要两三年的时间，运气好的话，最终可以活到四五岁。

花皮蛛在光滑的玻璃上捕食。

海盗蛛正在靠近一只吊在网上的球蛛。

海盗蛛（*Ero cambridgei*）

Ero 来自希腊语，意为“爱神”，*cambridgei* 来自人名 O. Prichard Cambridge，一位 19 世纪著名的蛛形学家

海盗蛛不像其他蜘蛛那样跟踪、追逐、伏击或诱捕猎物，而是四处游猎。这些拟态蛛就像花皮蛛属蜘蛛一样，偷偷摸摸地爬来爬去，寻找一些结网型蜘蛛的蛛网，尤其是球蛛科蜘蛛的蛛网。北美随处可见的温室拟肥腹蛛（*Parasteatoda tepidariorum*）可以说是它们的最爱。

小海盗蛛会偷偷地进入错综复杂的球蛛网，通过拨动丝线来吸引蛛网主人的注意力。球蛛常将此误以为是潜在的猎物或伴侣到访，于是离开庇护所进行调查。此时，海盗蛛便会抓住时机，迅速抓住球蛛的一条步足并咬住上面的节，同时迅速注入自己的剧毒毒液（一种专门用来迅速杀死蜘蛛的毒液）。该毒液的毒效几乎是瞬间的。最后，海盗蛛通过在这个大家伙身上留下的小孔吸取其体内的汁液。不过，在某些情况下，事情会发生反转，海盗蛛会成为球蛛送上门的猎物。

北欧分布的拟态蛛仅有突腹蛛属（*Ero*）一个属，该属蜘蛛分布于低矮的树木和灌木丛中，长期四处游荡，寻找合适大小的蛛网入侵。其中海盗蛛分布广泛，非常常见。北欧目前已记录到 4 种突腹蛛属蜘蛛，而北美则已记录到十几种。

➤ 这只小海盗蛛只有在放大后才能被清晰地观察。

10 拍摄蜘蛛

最后这部分内容将为那些希望尝试使用摄影技术记录蜘蛛的人提供一些基本帮助。假定你对摄影和摄影技术有基本的了解，许多书和各种野外课程都可以为摄影理论和野生动植物摄影提供基础和详细的指导。

拍摄蜘蛛的照片和拍摄其他小型的活跃动物没有什么不同。你将面临同样的挑战：曝光、聚焦和清晰度。不过，幸运的是，过去困扰摄影师的许多技术障碍，特别是与微距拍摄有关的技术障碍，在很大程度上已经被现代设备消除了。

你应该问自己的第一个问题是你要实现的目标。你可能希望记录旅途中发现的蜘蛛，展示蜘蛛的行为，创造艺术杰作，或将这三者结合起来。了解你的目标将有助于你确定整体的拍摄方法，并为这次任务选择合适的设备。

胶片与数码

在开始谈论相机之前，先说说数码摄影。几年前，我会毫不犹豫地说，就野生动物摄影的图像质量而言，胶片是最好的媒介，特别是在使用中等画幅的时候，它会轻而易举地胜过数码技术。而如今，情况发生了逆转，数码摄影不仅在成本和便利性上都超越了胶片，而且在我看来，质量也是如此。但一些顽固的人仍然喜欢胶片，我能理解他们对这一伟大媒介的情感依恋。然而，尽管胶片可能还有一些微小的优势，但它们不足以证

◄ 雌性蜂蛛携带着卵。

明自己还可以继续与数码斗争。自从2002年我测试了第一台真正高分辨率的35mm数码相机(佳能EOS 1Ds)后，我就再也没有拍过胶片了。数码相机的质量让我惊叹不已，这本书中95%以上的照片都是用它拍摄的。

与野生动物摄影相关的数码摄影优势大体如下。

细节

一台1000万或更大像素的相机通常能够呈现与速度最慢、纹理最细的35mm胶片相同或更多的细节。然而，像素并不是全部，芯片的物理尺寸、色位深度、镜头设计、相机电路和软件等其他因素在图像质量方面也起着至关重要的作用。

噪点和颗粒

如果噪点可以得到控制，数码相机产生的图像色调便会比胶片机更加平滑，色调之间的过渡也是如此。上好的数码相机还能够比胶片机产生更少的噪点（颗粒度，以胶片的术语来说）。这在很大程度上取决于像素数和芯片的相对大小。

出图速度

数码相机相对于胶片相机的一个巨大优势是，可以在照片拍摄后立即检查图像，或者在照片曝光前，支持液晶显示屏的相机可以进行“实时观看”。现在，我们不必等上几天，就可以对胶片进行处理，以检查图像的任何技术问题。镜头是否正确曝光？在曝光过程中，相机或蜘蛛移动了吗？你是否聚焦在正确的地方？这些所有甚至更多的细节都会在拍摄后立即显现出来。曝光可以通过检查相机液晶显示屏上的图像在现场进行检查，或者更好的方法是通过参考直方图（一个以图形方式描绘从阴影到高光的色调级别的图表）进行检查。构图和光线也可以在液晶屏上进行评估。如果这还不够——在照相机中很难看到精细的细节——图像可以传输到计算机上，在计算机上通过合适的软件，你可以更仔细地检查这些因素的细节。

文件类型

数码相机生成的文件主要有两种格式，JPEG和RAW，但这本蜘蛛科普书并不是解释它们优缺点的最佳场所。我只想说，如果速度和小存储是重要的，那么JPEG文件是最好的选择。如果使用RAW文件，首先必须在格式转换软件中将其转换为TIFF或JPEG文件，然后才能有效使用。关于RAW文件，其非常大的一个特点是：在转换过程中，可以对图像参数（如曝光、对比度和色彩平衡）进行各种调整，而不造成图片质量损失或将这种损失降至最低。如果你的相机缺乏精度设置或照片的精细质量被认为是至关重要的，那么这是一个相当大的优势。

润色和定点

数码图像可以很容易地通过电脑发现问题并进行修正。不过，要提醒你一句，如果不是在一台高质量和定期校准的显示器上对色彩、色调以及对比度进行调整，这些都将是毫无意义的，你会做很多无用功。

费用和污染

数码相机风行的主要原因之一是在胶片和处理上的巨大节省。你可以随心所欲地拍照，因为你知道这不会浪费你的钱财。只要你不买市面上最昂贵的数码相机，就很有可能省下最初的投资，不用担心买胶卷和冲洗胶卷，也避免了处理胶卷过程中那些令人讨厌的化学物质对环境的污染。

相机

选择最适合蜘蛛摄影的相机将取决于你想要什么样的照片和对照片质量的期望。质量等级最低的是小型相机，尽管现在它们能够获得令人惊讶的好结果，足以获得百万像素，并打印出不错的常规大小的照片。它们没有视差问题，而且大多数都有适合拍摄大型蜘蛛的微聚镜头。但如果小型蜘蛛的照片（如皿蛛科蜘蛛）很重要，就不要考虑小型相机了。

小型相机还有另外两个基本缺点。在按下相机快门和曝光之间存在一个明显的延迟，在一些型号上这一延迟高达半秒左右。虽然这看起来不是很多，但在这段时间内可能会发生很多事情。比如，在一个风和日丽的日子里，一只静止的蜘蛛就可能因为这一点延迟而侥幸逃脱。因此你可以想象，一只不安分的蜘蛛或一阵风将对你未来的杰作造成多么严重的破坏。

与之相对的是中画幅相机。这种相机的胶片或芯片的感光面积是35mm胶片机的2~3倍，像素从2000万到5000万不等。高分辨率意味着更高的图像放大率和更短的景深。它们提供的照片质量是惊人的，但如果蜘蛛摄影仅仅是你业余生活的目标。这种质量可能被认为是没有必要的，因为只有在大量的图片拍摄过程中，改进才会变得明显。此外，中画幅相机往往是个无底洞（花销大），尤其是在配备了极其昂贵的相机配件的情况下。并且，这些巨型相机，加上其沉重的镜头，非常笨重，不适合野外使用，特别是在拍摄移动中的蜘蛛时。

这就给我们带来了更轻、更便宜、更灵活的35mm的单反相机或数码单反相机。这种相机可以通过液晶屏而不是取景器来观察拍摄对象，是拍摄大多数野生动物的理想选择，并且近摄和远摄都可以。

一些高质量的单反相机使用全画幅36×24mm芯片，但大多数使用较小的芯片，感光面积大约是前者的2/3。这两种芯片尺寸都能获得极好的效果，尤其是那些像素数更高的芯片。

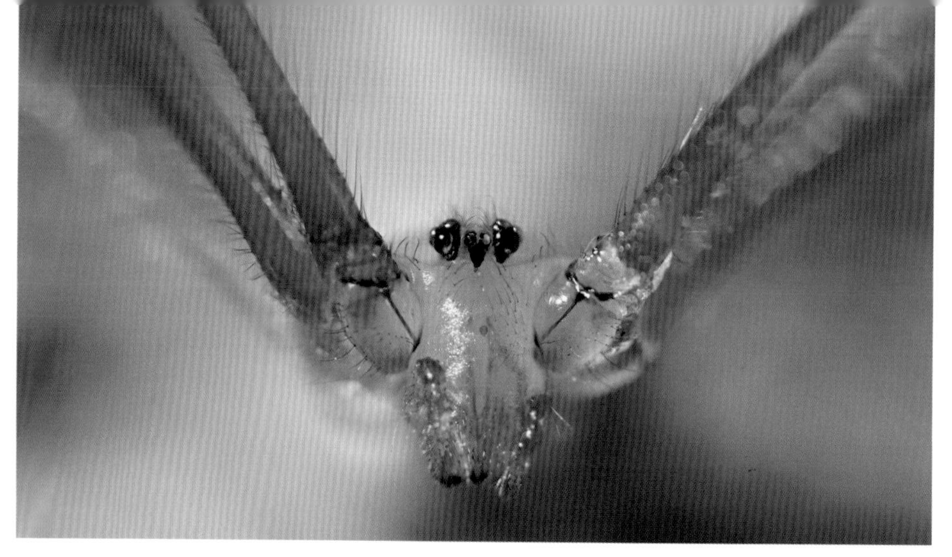

长腿幽灵蛛的“狡猾”眼神。

全画幅芯片可以容纳更多的像素和（或）使用更大的像素，从而产生更少的噪点（颗粒度）。但是较小芯片相机的一个优势是，它们的镜头比那些35mm全画幅相机设计得更小、更轻、更便宜。当拍摄自然栖息地的蜘蛛时，对于那些较小、较轻的蜘蛛而言，这就值得一提了，因为它们更容易在植被中移动。另一个优点是，使用较小的格式可以获得更大的景深。然而，这也有一个小小的美学缺陷，即格式越大（从而图像放大率更大），背景就越模糊，干扰程度也越小，尽管这也受到其他因素的影响，比如光圈。两种尺寸我都在用，但更喜欢大一点的格式，利用高像素来保证照片的高质量。

自动对焦

自动对焦（auto focus，AF）的使用对于某些类型的自然摄影是一个巨大的好处，特别是使用长焦镜头拍摄哺乳动物和鸟类。然而，在微距摄影时，自动对焦就是一种烦恼而不是一件幸事，特别是在高倍率下。每次镜头或被摄目标出现前后移动时，自动对焦就会前后搜索，试图找到一个合适的锁定点。在现场使用手持设备时，拍摄变得非常困难，因为自动对焦通常会在到达第一个对焦点时停止。手动对焦通常是目前为止最好的选择，允许你自主决定构图中的焦点位置。

曝光设置

现在大多数相机都有自动功能，有多种程序模式来应对各种情况。这些对于日常家庭快照来说很好，但对于相对专业的蜘蛛摄影来说价值不大。微距摄影最有用的两种模式是光圈优先（人工设置光圈大小，相机设置快门速度）和手动（人工设置光圈大小和快门速度）。除这两种模式外，我没有使用过其他任何模式。需要指出的是，相机也有一种快速简单的方法来调整两个方向的曝光值，以补偿相机认为异常的物体，例如黑色背景下的苍白蜘蛛，或者相反。手动设置（M）通常是最好的解决方案，因为它允许你完全控制快门速度和光圈，但它需要一些实验和经验才能充分发挥潜力。

蜘蛛摄影与镜头

大多数蜘蛛摄影需要图像放大率介于实际大小的1/5~2倍之间(即1:5~2:1)。调焦到真实大小（1:1）的最简单方法是使用一种专为近距离调焦而设计的特殊镜头：一种微距镜头。它有一个内置的可调节的延长管，允许螺旋聚焦从无穷大到1:1，尽管大多数现代镜头是通过内部聚焦来实现这一点的。

在选择微距镜头时要考虑的一个重要方面是它的焦距：焦距越长，拍摄距离越长（镜头和被摄体之间的距离）。作为一个粗略的指导，根据镜头的结构，放大率是1:1时的拍摄距离是焦距的两倍。因此，一个50mm的镜头适用的拍摄距离大约是100mm。用100mm的镜头时，拍摄距离倍增到200mm，而一个200mm的微距镜头将允许你在距离物体约400mm的地方拍摄。显然，焦距越长，就越容易远离蜘蛛而不惊动它，也越容易放置三脚架和外源闪光灯（在需要的时候）。这样，你的身体和相机就不会遮挡光线。长焦镜头的另一个优点是，随着焦距的增加，失焦也会增加（背景失真的程度），从而通过降低背景干扰来提高图像质量。

有时，较短的镜头也有优势。例如，通过增加延长管或波纹管来获得所需的再现比，可以获得远超过1:1（真实大小）的放大率。有一两家制造商提供具有大量螺旋聚焦的专业镜头，对于微小蜘蛛和解剖细微结构来说，放大倍数可达到理想状态的5倍左右。在这种情况下，其他困难也出现了。比如，狭窄的拍摄距离和狭窄的景深，只能用几分之一毫米为单位测量。

清晰度和景深

获得足够的景深对于微距摄影来说始终是一个挑战，尤其是对于蜘蛛摄影。与蝴蝶和飞蛾不同，拍摄蜘蛛时焦距并非主要集中在像翅膀这样的平面上，因为蜘蛛更加立体，具有更大的景深。除非直接从上方进行拍摄，否则在高倍放大的情况下，从蜘蛛一侧到另一侧所需的景深是相机无法达到的。请记住，在1:1的放大倍数和f/16的光圈下，景深只有1mm左右，我想这是不会给你带来太多乐趣的！进一步调整光圈也没有实际意义上的帮助，因为衍射会影响画面整体的清晰度。一种解决的办法是使用较低的放大率，后期通过软件将图像放大。这一做法的局限性可以在这本书中许多较大的侧视图中看到：蜘蛛的前肢

正在捕食豆娘的筏蛛。

和后肢很少可以同时清晰。

除了拍摄对象的移动外，所有相机的抖动和振动都需要控制到最小程度。随着放大倍数和镜头焦距的增加，以及快门速度的延长，这种情况会变得更糟。在日光下曝光时，三脚架或减震垫与遥控快门的配合使用将是非常有效的，而质量更好的相机则配有反光镜锁，可以消除反光镜在相机内部产生的振动。

草根丛林摄影

在一个完美的世界里，不需要三脚架，可以利用自然光，在自然生境中拍摄蜘蛛的完美照片。不幸的是，这可能要等到一种超灵敏的无噪点芯片开发出来，允许 ISO 感光度高达 50 000，从而允许拍摄者始终使用小光圈和高的快门速度。我想，这需要几年的时间！与此同时，我们都将不得不在现有设备的限制下面对现实，应对那些小型、活跃、紧张的生物。它们很少停留足够长的时间，让我们选择最佳视角，竖立三脚架并对焦。他们要么因为看到我们而移动，要么被我们引起的振动所干扰。然后要面对的就是风，除非天气非常平静，否则不太可能拍到清晰的图片。微距摄影的另一个困难（尤其是在有风的情况下）是相机和被摄体之间的距离是不断变化的。也许只有一毫米的几分之一，但这将导致我们的焦点不停地发生偏移。我想在实际工作时，这个问题通常非常令人恼火是不言自明的。

有时情况是完美的，例如无风的

清晨和浓重的露水是拍摄蛛网的理想时间。在这种时候，太阳在地平线上很低，不仅提供了柔和的光线，而且还提供了背光条件或纹理。在手持相机并利用自然光时，曝光时间如果太长，就很难获得清晰的图像，所以必须使用坚固的三脚架。当你拍摄地面景象时，你可能只需要一个减震垫。

显然，对于许多蜘蛛摄影来说，自然光通常不够理想，拍摄结果往往令人失望。更重要的是，虽然在阴暗、昏暗的环境下拍摄时，往往能得到一些罕见的珍贵照片，但当阳光直射产生的对比度远远超过数码传感器或胶片所能处理的对比度时，就会出现一种更常见、更具挑战性的情况，即拍出曝光过度和（或）缺乏细节的暗影。有三种方法来处理这个问题：一种方法是在太阳和受阳光直射的物体之间放置一个大的漫射器，散射直射的阳光；另一种方法是通过反射板、镜子或其他合适的反射材料来反射光线、填充阴影；第三种解决方案是在尽可能靠近镜头轴的位置使用闪光灯。所有这一切的前提是，当所有这些活动在蜘蛛周围进行时，它非常乐意待在原地不动。别忘了，许多物种对运动和振动非常敏感。秘诀之一是首先非常缓慢地接近蜘蛛，并以慢动作安置摄影器材。

蜘蛛摄影与光

通常最好的办法是使用闪光灯作为唯一的光源，这样不但可以捕捉所有的拍摄对象和相机的移动，而且还可以完全控制光源。但使用闪光灯的问题是，除非处理得当，否则结果可能看起来会很糟糕，生成的照片既不自然又“浮华”，拍摄出来的物体缺乏形状或纹理。摄影这个词本身就意味着用光绘画。如果你把这个概念牢记于心，那么你的摄影技术就有可能焕发出新的生机。太阳是自然界最主要的光源，天空是最突出的背景，如果我们的照片看起来全是用闪光灯曝光的，那么就说明出了点问题。

蜘蛛是三维的，但我们试图用二维媒介来表现它们的实体形态。因此，我们需要尽可能多的帮助来弥补这一限制，而巧妙地利用灯光是解决这个问题的唯一方法。许多在自然条件下使用了闪光灯曝光的图片，甚至是那些经常在比赛中获胜的图片，都遭受了可怕的“闪光灯管制”——在镜头两侧 45 度的方向上分别安装两个闪光灯，或者使用环形闪光灯！“死光”有时是难以避免的，但我们应该尽量想其他办法解决。

为了模拟太阳，我们需要从单光源着手，突出立体感和质感。它的摆放位置和角度取决于我们要达到的目标、蜘蛛相对于相机的位置，以及它的色调。重要的一点是，灯光应该强调蜘蛛圆柱形的身体和步足，使一边比另一边更亮。任何用于填充阴影的附加灯光都不得破坏立体感或引发难看而混乱的人造阴影。在大多数情况下，3∶1 左右的光照比可以在阴暗的一侧提供足够的细节。

我们如何填补阴影将视情况而定，通常一个简单的铝箔反射板就足够了。当然，有时候利用第二个闪光灯可能更实用或有效。例如，如果你试图模仿阳光照射下薄薄的云层和柔和的阴影，通常柔和的光线会更好。这样的灯光可以产生美观的图像，消除强光产生的一些刻板印象。但请记住，柔和、散射的阴影与平面灯光并不相同，将蜘蛛拍摄清晰仍然是你的首要目标。野外科考时，采用一种可以产生标准化灯光的快速简便的方法是有必要的。相机上的闪光灯或环形闪光灯是获得无阴影、平坦和标准化图像的最可靠方法。但它们非常不自然，看起来不会很有吸引力。

有时可以添加更多的闪光灯，以提供特定的效果，如逆光或照亮背景，但要避免破坏整体造型或产生不和谐的阴影。在自然界中，天空中只有一个太阳，因此只会产生一组阴影；在

以拍摄家隅蛛为例，阐明一些基本的用光问题。

▲ 来自侧面的单光源。效果是引人注目的，能够突出形状和质感。请注意蜘蛛身体的弧度、它的毛发和木材表面的粗糙度。这种效果也符合这种蜘蛛的夜间生活方式和令人毛骨悚然的特点。然而，在阴影中并没有展现出细节。

▶ 在这幅图中，模拟灯光的位置与之前完全相同，但是在另一侧添加了一个反光板来填充阴影，从而降低了对比度。造型和质感都被保留下来，所以蜘蛛看起来仍然是三维的，但现在是以一种更微妙的方式。

◀ 在两边 45 度的方向上分别用了一盏灯。这样的结果使蜘蛛缺乏立体感，并且表现出交叉灯光的效果：阴影落在被摄物体的两侧。总之，这张照片既缺乏信息，也不自然，缺乏美感。

“用光作画”：这两张照片里是同一只园蛛（八痣蛛 *A. cucurbitina*）及其在灌木丛中的蛛网，展示了光线对照片的巨大影响。

▲ 这是一个准确放置模拟光源、逆光和反光灯的例子，产生了一个有立体感和情感的氛围。

▲ 用一盏靠近相机轴的单个灯光照亮同一个物体。结果是死板的，没有那么有趣，但它确实展示了灌木树叶的颜色，就像我们通常看到的那样。通常我们需要平衡对图片的要求与其他因素。

没有阳光直射的情况下，一个巨大的反光板就是天空，因此会产生非常柔和的阴影。通常灯光越简单，效果越好。本书中所示的绝大多数蜘蛛都是使用单个闪光灯和一个反光板曝光的，只有少数蜘蛛利用了多个闪光灯，而不是反光板和（或）单独的背景光。

野外拍摄蜘蛛最好的方式就是购买一个专用的微距闪光灯，由可调支架支撑的两个闪光头组成。这两个灯的默认位置是在镜头的两侧，产生平面的交叉灯光。当然，如果使用可调伸缩支架将其中一个灯头远离相机，从最佳角度照亮蜘蛛，同时降低填充灯的功率，那么结果将得到显著改善。

通过镜头实际光亮进行的闪光测量（TTL闪光测量）

在闪光测量问世之前，闪光摄影是一门相当神秘的艺术。没有实用的方法来测量闪光头的输出，所以要得到正确的曝光，就需要依赖于多变的闪光指数和大量的反复试验。更糟糕的是，微距拍摄会使整个系统完全崩溃。原因有两个：首先，大家都知道，当光源靠近被摄物体时，闪光指数是不准确的；其次，在没有内部聚焦功能的情况下，还需要调节镜头，随之而来的必要计算总是会延误程序。这时被拍摄的动物很可能已经消失了！

如今，TTL闪光测量拯救了我们，彻底消除了那些令人讨厌的担忧。巧妙的电子设备使相机和闪光灯能够相互交流：当闪光灯发出足够的光线进入相机时，闪光灯就被熄灭，从而产生正确曝光的图像。所有这些都是非常具有智慧的，而且能在瞬间内完成。这使得任何人只要适当地使用闪光灯和照相机都可以拍摄好昆虫和蜘蛛，而不用太担心技术问题。

工作室里的蜘蛛

当拍摄蜘蛛时，灵活的工作方法是必不可少的，你不能依赖任何单一的方法。有很多原因导致在野外原地拍摄蜘蛛并不总能成功。风、雨等恶劣天气，高倍摄影所需的精度，以及高速摄影等因素都需要你将蜘蛛带回室内，而有时这么做只是为了方便拍摄。如果处理巧妙，人们几乎很难区分哪些照片是工作室拍摄的，哪些照片是在野外拍摄的。但是要想达到这种以假乱真的效果，摄影者需要具备比野外“直接拍摄”更多的专业知识。我还想说的是，在自然环境中进行的闪光摄影，一般看起来比在工作室完成的摄影作品更加失真。当照片最终完成时，无论是对蛛形动物学家还是老练的自然摄影师来说，都辨认不出它究竟是在室内还是野外拍摄的。

成功的室内摄影有两个主要因素。首先是拍摄者要对被摄物体非常了解，比如：蜘蛛的典型栖息地、它的行为和该类群特征，以及它在工作室里可能产生的反应。你创建的场景应该反映蜘蛛的自然环境，最好是包含蜘蛛被发现地附近的植被。幸运的是，大多数蜘蛛都是小动物，所以只需要带走一小部分材料就可以做到这一点。其次是我们的老朋友——灯光，它的重要性在于能与野外生境中的太阳、天空和云彩所赋予的特质相匹配。阴影通常可以通过使用适当的背景来避免，这些背景应放置在被摄物体区域的后面。如果有必要的话，可以用一个单独的闪光灯照明，这也是我有时在户外摄影中使用的一种技术。这本书中的照片是工作室和户外摄影的集合，大约各占一半。

应对蜘蛛

与昆虫相比，蜘蛛似乎拥有一种能够快速而彻底地消失的神奇能力。它们经常会爬进一个小缝隙里或躲在树叶后面。应该特别注意那些跳跃和游猎型的蜘蛛，除非它们稳定下来，否则它们就会在眨眼间消失。处理小蜘蛛不仅会加重眼睛的负担，而且这些生物还会不断产生蛛丝，试图通过飞行来获得自由。即使在一个明显没有穿堂风的房间里，也有足够的气流将它们吹走，并使它们消失在我们视线之外。为了对付它们和那些更任性

作者将妩蛛科三角蛛属蜘蛛归还到自然栖息地。

的较大物种，我经常在工作区域下面铺一张白纸，以便它们在“消失”后更容易被发现。另一个处理蜘蛛的重要配件是毛笔刷，它可以用来促使难以控制的个体进入正确的区域，而不会伤害它们。

蜘蛛摄影艺术

这里不是讨论自然摄影美学的地方，除此之外，在我看来，被摄物体周围的空间通常能提升图片的质量。如果能够避免干扰因素，空间可以改善大多数野生动物照片的整体画质。有些人会给你相反的建议：“近距离拍摄才会有效果。”当然，当在拍摄蜘蛛特定的细节，或者当蜘蛛被无关或混乱的背景包围时，近距离拍摄是可以的，但是当你给动物留出一点空间时，它们看起来更自然、更自在。包括蜘蛛在内的野生动物，在观察它们时，不能与周围的环境分离开，因为这种联系往往能提供有用的与识别和习性有关的线索。

最后一点：如果我从野外抓了一只蜘蛛，我会尝试将其放回原处。这会让我感觉很好，也许蜘蛛也是。而且想想看，这样我的模特就能存活下来繁殖后代，或为其他动物提供食物，从而维持生命的发展。

附言

当我被一只蜘蛛咬过之后，我写了一本关于这些小生物的书，这对于在 4 岁时就有蜘蛛恐惧症的我来说，似乎很奇怪。幸运的是，在沉浸其中两年多以后，我的原始本能在很大程度上被更加理智的对大自然的激情所战胜，被摄影兴趣，尤其是对于所有生命的崇敬所战胜，无论这些小生物看起来多么微不足道或者相当危险。这并不意味着我对大型的、运动速度快的蜘蛛不再抱有一丝疑虑，但在初见的震惊之后，理性或许可以占据上风。

在我开始这个项目之前，我对蜘蛛的了解很少，因此无法辨别它们中的绝大多数。这令我十分沮丧，而一个很无助的现实是，在当时关于这方面的合适的书籍也很缺乏。不像关于鸟类的书，那些关于蜘蛛的书并不是很畅销。

我的妻子为了治好我对这些生物的恐惧，为我报名了一个由实地研究委员会（Field Studies Council）开设的关于蜘蛛的夏季短期课。该委员会是一个在英国开设各种关于自然史和保护学课程的优秀组织。从那时起，我的生活发生了改变。

这门课程是一个启发，它由托尼·罗素·史密斯（Tony Russell Smith）讲授。史密斯先生是一个穿着花呢外套的世界级蜘蛛专家，他对这个课题有着极大的热情。我的身边也围绕着充满激情的蜘蛛迷，他们中的大多数人都比我更了解蜘蛛。在此期间，我们的活动安排包括听课堂讲座，在蜘蛛丰富的乡村寻找样本，以及在显微镜下观察和识别我们捕获的蜘蛛。有一次，当我在双目显微镜下观察一个刚制成的标本时——那个蜘蛛看起来和餐盘一样大——这个按理说已经死了的生物突然剧烈抽搐，我不由自主地哭着坐到了椅子上。全班的同学都环顾四周，我的秘密也暴露了！

◄ 作者正在栖息地附近拍摄瓢虫蜘蛛（*Eresus*）。

球体科蜘蛛（*Theridiosoma gemmosum*）。

球体科蜘蛛的卵囊。

在一次实地考察的过程中，一个随行的同学发现了一种三角蜘蛛，这种蜘蛛罕见又神秘，我只在 W.S. 布里斯托的那本独一无二的《蜘蛛的世界》中读到过。令人难过的是，这个新发现的样本在做显微镜观察之前，注定要被浸泡在酒精之中。后来，我设法说服同学为参加摄影比赛而一起去拍摄活体蜘蛛。我从来没见过这种不同寻常的小蜘蛛在自己编制的网里的照片，就更不用说它那神奇的捕猎技术了。随后，我花费了 3 周的时间引导这个小生物在它最喜欢的栖息地——一棵紫杉的树枝中间织网，并由此记录下了它捕食猎物的一系列动作。

这一最初的成功激励我进一步尝试着去记录其他采用同样有趣狩猎技巧的蜘蛛。也使我开始意识到，这个项目有可能出版一本非同寻常的书，尽管这个计划遇到了重大的障碍。由于我对蜘蛛的了解有限，我在野外搜索蜘蛛的能力（特别是那些不出名或稀有的物种）会严重限制我的计划。考虑到这一点，我联系了当时还只是博物学者的熟人埃文·琼斯（Evan Jones），我记得他在蜘蛛方面有着惊人的专业知识。当我向他解释我的目标时，他立即抓住机会，参与了进来。这也标志着一段深厚友谊的开始，以及体现本书高潮部分的两年的冒险之旅。

在接下来的两年里，每逢春夏两季，我们都会经常结伴前往蜘蛛的栖息地，有时会在附近地区，但也经常会去乡村那些更远更偏僻的地方寻找稀有而不同寻常的蜘蛛。在这种时候，埃文总是显得非常得心应手。在不通过扫网或拍打植被的情况下采集时，他就趴在石楠丛的根部，寻找一些稀有的或不知名的蜘蛛，而我则挣扎着紧随其后。在这段时光里，我一直对他能发现并辨认出最小蜘蛛的神秘能力而感到惊奇。

有一次，在我发现了一种罕见又奇怪的蜘蛛的微小卵囊以后，埃文立刻来了兴致。我只在书上读到过这种叫 *Theridiosoma gemmosum* 的球体蛛科蜘蛛。我能发现它真是一个奇迹，因为它比针尖大不了多少。这种卵囊比蜘蛛本身更容易找到。这种蜘蛛生活在几乎靠近地面的低洼处，在阴暗潮湿的灌木丛中植株最茂密的地方。这种蜘蛛只比它的卵囊稍大一点儿，它的不同寻常之处在于能通过一种精致的半开式伞状蛛网捕捉猎物，和三角蜘蛛的做法相似。

当我回到家，打电话和埃文吹嘘我的幸运发现时，他非常兴奋，放下手头的一切，开车 1 小时来到距离 60 多千米的我家门口。我毫不迟疑地带着他来到林地的池塘附近，给他看那个卵囊。5 分钟后，他找到了蜘蛛。对我来说，这是一个几乎看不见的斑点。蜘蛛和卵囊的照片见附图。

参与这个课题有很多好处，不仅留下了那些在美丽乡村寻找蜘蛛的记忆，有时候还包括发现那些只在书里读到过的稀有物种。

在初夏炎热的一天，我们驾车前往英格兰南部一个偏远的军事靶场，去观察并拍摄一种瓢虫蛛。这片神秘的土地只有 2000 平方米大，是该物种非常理想的栖息地。这种蜘蛛算是欧洲最神秘的蜘蛛之一，由于栖息地被破坏，在英国一直被认为已经灭绝，直到 1979 年被重新发现。在获得了一张特殊的通行证后，我们遇见了英国自然组织的负责人，生物学家伊恩 · 休斯（Ian Hughes），他负责照看这种珍贵的蜘蛛，帮助其繁殖并扩大其活动范围。1994 年这里只有 56 个瓢虫蛛网，但是多亏了伊恩的繁殖计划，这个数字在稳定增长。唯一能保护这个显而易见的特别栖息地不受重达 50 吨的坦克定期轰鸣影响的，是一个低矮的破旧的金属网围栏。这看上去很不协调，但我又庆幸它（金属网）的存在。在那段值得纪念的日子里，我的银色雨伞既能当摄影反射板，也可以遮挡烈日。

几个月后，另一场关于蜘蛛的旅行开始了。这回我们去的是伦敦的国会大厦，然而却引发了一些不太友好的关注。这一次，我试图拍摄一种栖息于港口和码头的巨大而可怕的蜘蛛，它们躲藏在石头建筑的孔洞或缝隙中，被称为管网蜘蛛。很快，两个形迹可疑的人，带着三脚架、摄像机、长镜头和闪光灯的情景引起了便衣警察的注意。他们怀疑我们可能在墙壁里安装炸药。在对这只蜘蛛的生活史进行了漫长而充满激情的讲解之后，我们才被允许继续工作。当其中一只危险的个体被草叶编织的绳索从巢穴中引诱出来后，我们这些大胆的探索者便匆忙撤退了。

在经历了两年与蜘蛛息息相关的生活和对它们的拍摄之后，令人悲伤的一天到来了。这本书完稿了，但是我对这些令人惊讶的小动物的热爱永不停息。

致谢

这本书的出版离不开埃文·琼斯（Evan Jones）的支持和热情。他不仅负责寻找书中所展示的许多种蜘蛛，还教会了我很多关于这些迷人生物的知识。我还要感谢伊恩·休斯（Ian Hughes）让我有机会看到并拍摄了瓢虫蜘蛛，这是英国最稀有的蜘蛛。伊恩肩负着保护和扩大这种蜘蛛种群的艰巨任务。

我也非常感谢蜘蛛专家克里斯·斯皮林（Chris Spilling），英国蜘蛛学会的主席，他对提交给出版商的书稿进行了全面的审校。

我要特别感谢我的妻子利兹（Liz），尽管她不得不忍受我在家里到处放置装有蜘蛛的盒子，并为我的野外探险准备美味佳肴。当我在浴缸里遇到特别大的蜘蛛时，她还经常跑来拯救我！

最后，我要感谢出版公司的莱昂内尔·科夫勒（Lionel Koffler），他勇敢地出版了这本有关蜘蛛的书，并感谢他的所有同事为这本美丽的书所付出的辛勤劳动。